职业院校智能制造专业系列教材

电子电路与技能训练
（任务驱动模式）

第 2 版

主　编　王永飞
副主编　高海林　李淑珍
参　编　臧海鹰　于海宁　任　华　陶振奎
　　　　刘　洋　尹丹君

机械工业出版社

本书以项目教学法为主线,以应用为目的,并与技能训练有机结合,通过直流稳压电源、扩音器、集成运算放大器、三人表决器电路、照明灯异地控制电路、抢答器、十字路口交通信号灯控制电路和 555 定时器及其应用电路 8 个单元,全面介绍了普通二极管、稳压二极管、晶体管等的结构、主要参数、选择、识别与检测方法,基本放大电路与反馈放大电路、功率放大电路等的组成、工作原理、检测与调试,门电路、触发器、计数器等的应用与检测。为便于学生边学边练,本书各学习任务均配有练习题。

本书可作为技工院校、职业学校以及成人高等院校、民办高校的电气自动化专业、机电一体化专业电子技术课程的教材,也可供从事电子技术工作的工程技术人员参考。

图书在版编目(CIP)数据

电子电路与技能训练:任务驱动模式/王永飞主编.—2版.—北京:机械工业出版社,2019.12

职业院校智能制造专业系列教材

ISBN 978-7-111-64570-2

Ⅰ.①电… Ⅱ.①王… Ⅲ.①电子电路 - 高等职业教育 - 教材 Ⅳ.①TN710

中国版本图书馆 CIP 数据核字(2020)第 013042 号

机械工业出版社(北京市百万庄大街22 号 邮政编码100037)

策划编辑:陈玉芝 责任编辑:陈玉芝 王 博
责任校对:潘 蕊 杜雨霏 封面设计:张 静
责任印制:李 昂

河北鹏盛贤印刷有限公司印刷

2020 年 3 月第 2 版第 1 次印刷

184mm×260mm · 13 印张 · 320 千字

0001—3000 册

标准书号:ISBN 978-7-111-64570-2

定价:39.80 元

电话服务 网络服务

客服电话:010-88361066 机 工 官 网:www.cmpbook.com
010-88379833 机 工 官 博:weibo.com/cmp1952
010-68326294 金 书 网:www.golden-book.com

封底无防伪标均为盗版 机工教育服务网:www.cmpedu.com

前　言

为贯彻全国职业学校"坚持以就业为导向"的办学方针，实现以课程对接岗位、教材对接技能的目的，更好地适应"工学结合、任务驱动模式"教学的要求，我们编写了本书。

在本书编写过程中，主要体现了以下原则：

1. 坚持以应用为目的，精选教学内容。这些内容均按照教学要求精心编写，有利于对学生进行全面训练。

2. 教学内容切实本着"够用、适用为度"的指导思想，体现了理论与技能训练一体化的教学模式，有利于提高学生分析问题和解决问题的能力，有利于提高学生的动手能力和工作适应能力。

3. 根据集成电路的发展，尽可能地充实新知识、新技术等方面的内容。同时，为方便学生查阅资料，本书给出了常用的普通二极管、晶体管、集成电路的规格、型号、性能指标、逻辑功能表、引脚排列图、使用方法等资料。同时，本书还介绍了常用的普通二极管、发光二极管、稳压二极管、晶体管等引脚的识别与检测方法等。

4. 在编写过程中，采用大量的实物照片将知识点直观展示出来，以降低学生的学习难度，提高其学习兴趣。

5. 各学习任务的练习题全面覆盖了中、高级工国家职业资格考试内容，为方便教学还配有多媒体课件。

本书由王永飞任主编并负责全书的统稿工作，高海林、李淑珍任副主编，臧海鹰、于海宁、任华、陶振奎、刘洋、尹丹君参加编写。其中，高海林编写单元1，陶振奎、尹丹君编写单元2，王永飞编写单元3、单元5，李淑珍、臧海鹰编写单元4，王永飞、高海林编写单元6，任华、李淑珍编写单元7，于海宁、刘洋编写单元8。

由于编者水平有限，书中难免存在错漏和不妥之处，恳请读者批评指正。

编　者

目 录 Contents

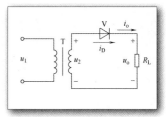

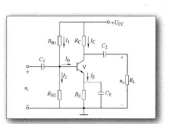

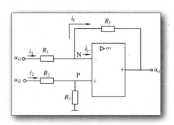

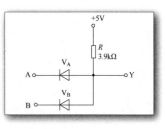

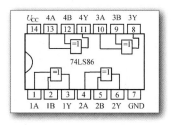

单元 5 照明灯异地控制电路
Unit 5

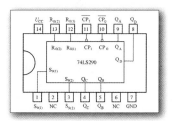

单元 6 抢答器
Unit 6

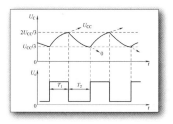

单元 7 十字路口交通信号灯控制电路
Unit 7

单元 8 555 定时器及其应用电路
Unit 8

参考文献

目录 | Contents

单元1

直流稳压电源

1

本单元主要介绍稳压电源的组成，PN 结及其单向导电性，半导体二极管、硅稳压二极管、晶体管的结构、符号、工作原理、特性、主要参数、测试和选用，整流滤波电路和串联型稳压电路的组成、工作原理、简单计算、电路装配与调整，以及故障的检测与排除方法。

任务1　了解直流稳压电源

任务描述

了解直流稳压电源的组成及各部分的作用。

任务分析

电工电子设备都需要稳定的直流电源供电，如计算机、电视机、直流电动机等，如图1-1 所示。但电网供给的都是交流电，因此需要将交流电转换成满足直流用电设备所需要的直流电。

图 1-1　直流用电设备

a）计算机　b）电视机　c）直流电动机

直流稳压电源就是将交流电压转换成直流电压的设备。掌握直流稳压电源的组成及各部分的作用是本任务的重点。

相关知识

1. 直流稳压电源的组成

小功率直流稳压电源一般由电源变压器、整流电路、滤波电路和稳压电路四部分组成，其组成框图如图 1-2 所示。各组成部分的作用如下：

1）电源变压器。将电网 220V 或 380V 的交流电压转换成满足整流电路所需要的交流电压，主要起降压的作用，是一个降压变压器。

2）整流电路。将交流电压转换成脉动直流电压。

3）滤波电路。将脉动直流电压中的交流成分滤掉，转换成较为平滑的直流电压。

4）稳压电路。当电网电压波动或负载变化时，自动保持输出稳恒的直流电压。

直流稳压电源各组成部分输入端和输出端的电压波形如图 1-2 所示。

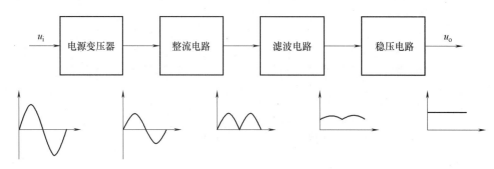

图 1-2 直流稳压电源的组成框图及各组成部分输入端和输出端的电压波形

2. 直流稳压电源的分类

（1）根据输出功率分 有小功率直流稳压电源和大功率直流稳压电源。一般电子设备使用的直流稳压电源都属于小功率直流稳压电源。

（2）根据稳压原理分 有并联型稳压电源、串联型稳压电源和开关型稳压电源。

（3）根据所使用的元件分 有分立元件直流稳压电源和集成电路直流稳压电源。

（4）根据输出电压的形式分 有输出电压固定的直流稳压电源和输出电压可调的直流稳压电源。

3. 稳压电源的主要参数

（1）电压调整率 S_u 负载电流 I_o 及温度 T 不变而输入电压 U_i 变化时，输出电压 U_o 的相对变化量 $\Delta U_o / U_o$ 与输入电压变化量 ΔU_i 的比值，称为电压调整率 S_u，即

$$S_u = \frac{\Delta U_o / U_o}{\Delta U_i} \times 100\% \left.\right|_{\substack{\Delta I_o = 0 \\ \Delta T = 0}} \qquad (1-1)$$

一般情况下 S_u 越小，稳压性能越好。

（2）电流调整率 S_i 当输入电压及温度不变，输出电流 I_o 从零变到最大值时，输出电压的相对变化量称为电流调整率 S_i，即

$$S_i = \Delta U_o / U_o \times 100\% \left.\right|_{\substack{\Delta I_o = I_{omax} \\ \Delta T = 0}} \qquad (1-2)$$

一般情况下，S_i 越小，输出电压受负载电流的影响就越小，稳压性能越好。

（3）输出电阻 R_o 当输入电压和温度不变时，因负载电阻 R_L 变化，导致负载电流变化了 ΔI_o，相应的输出电压变化了 ΔU_o，两者比值的绝对值称为输出电阻 R_o，即

$$R_o = \left| \frac{\Delta U_o}{\Delta I_o} \right|_{\substack{\Delta U_i = 0 \\ \Delta T = 0}} \quad (1\text{-}3)$$

一般情况下，R_o 越小，带负载能力越强。

（4）温度系数 S_T　输入电压 U_i 和负载电流 I_o 不变时，温度变化所引起的输出电压相对变化量 $\Delta U_o / U_o$ 与温度变化量 ΔT 之比，称为温度系数 S_T，即

$$S_T = \frac{\Delta U_o / U_o}{\Delta T} \Bigg|_{\substack{\Delta U_i = 0 \\ \Delta I_o = 0}} \quad (1\text{-}4)$$

一般情况下，S_T 越小，稳压性能越好。

4. 直流稳压电源的选择和正确使用

（1）直流稳压电源的选择　应依据输出电压、负载电流、电压调整率、输出电阻等指标要求进行选择。电压调整率、输出电阻的值越小，输出直流电压就越稳定。

（2）直流稳压电源的正确使用　在使用直流稳压电源的过程中，要注意检查输入的交流电源电压是否与要求相符。负载不应出现短路现象，防止直流稳压电源因过电流而损坏。对于输出电压可调的直流稳压电源，在调整输出电压时，其调压旋钮应缓慢调节，不应过快，以防损坏设备。

🖉 任务准备

在各实训台上准备一台小功率串联型直流稳压电源。

✔ 任务实施

拆开该稳压电源的外壳，对照小功率串联型直流稳压电源元器件布置图，找出稳压电源各组成部分对应的实际元器件。小功率串联型直流稳压电源元器件布置图如图1-3所示。

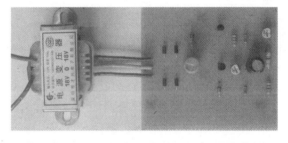

图1-3　小功率串联型直流稳压电源元器件布置图

✍ 检查评议

评分标准见表1-1。

表1-1　评分标准

序号	项目内容	评分标准	配分	扣分	得分
1	学习态度	1. 对学习不感兴趣，扣10分 2. 观察不认真，扣10分	20分		
2	协作精神	协作意识不强，扣20分	20分		
3	动手能力	动手能力不强，扣10分	10分		
4	观察判断能力	元器件有一处找不准确，扣5分	30分		
5	安全文明操作	1. 不爱护设备，扣10分 2. 不注意安全，扣10分	20分		
6	合计		100分		
7	时间	45min			

考证要点

> **知识点**：直流稳压电源一般由电源变压器、整流电路、滤波电路和稳压电路四部分组成。其中，电源变压器主要起降压作用；整流电路将交流电压转换成脉动直流电压；滤波电路将脉动直流电压中的交流成分滤掉，变换成较为平滑的直流电压；稳压电路在电网电压波动或负载变化时，自动保持输出稳恒的直流电压。

试题精选：

（1）直流稳压电源由（ C ）部分组成。

A. 2　　　　　　　B. 3　　　　　　　C. 4　　　　　　　D. 5

（2）电源变压器的作用是（ A ）。

A. 降压　　　　　　B. 升压　　　　　　C. 提高电阻　　　　　　D. 提高电流

【练习题】

（1）直流稳压电源有何作用？

（2）直流稳压电源由哪几部分组成？各组成部分的作用是什么？

任务2　二极管的检测与选用

任务描述

本任务主要介绍 PN 结的单向导电性，二极管的结构、符号、特性及主要参数，二极管的选用，以及二极管的识别与检测方法。

任务分析

二极管是最简单的半导体器件，内部就是一个 PN 结，外部有两个电极，一个称为正极（又称为阳极），另一个称为负极（又称为阴极）。常用二极管外形及正、负极的识别如图 1-4 所示。二极管具有单向导电性，常用于整流、限幅、检波、开关等。二极管的识别、选用与检测方法是实际工作中一项必须具备的基本技能，是本任务的重点。

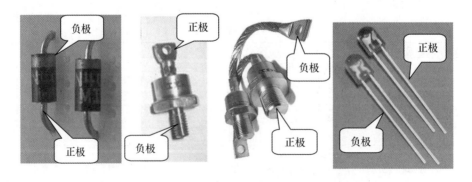

图 1-4　常用二极管外形及正、负极的识别

📖 相关知识

1. 半导体的基础知识

（1）导体、绝缘体和半导体　众所周知，银、铜、铝、铁等金属材料很容易导电，称为导体。塑料、陶瓷、橡胶、玻璃等都不容易导电，即便外加很高的电压，基本上也没有电流，所以称为绝缘体。

将导电性能介于导体和绝缘体之间的物体称为半导体。半导体是制造二极管、晶体管等半导体器件的原料，常用的半导体有硅、锗、磷、硼、砷等。

（2）半导体的导电特性　半导体之所以能得到广泛应用，其主要原因是其导电能力随温度、光照以及所含杂质的种类、浓度等条件的不同而出现显著的差别。半导体的导电特性有如下一些显著特点：

1）热敏特性。温度对半导体的导电特性有显著影响。半导体的导电能力随温度上升而显著增加，这种现象称为热敏特性。利用半导体的温度特性，可以把它作为热敏材料制成热敏元件。

2）光敏特性。半导体的导电能力随光照的不同而改变，这一现象称为光敏特性。利用半导体的这一特性，可以用它作为光敏材料制成光敏元件。

3）掺杂特性。半导体的导电能力与掺入的微量杂质元素的浓度有很大关系，这一现象称为掺杂特性。利用半导体的掺杂特性，通过一定的工艺手段，可生产出各种性能的半导体器件。

（3）半导体的类型　半导体一般分为本征半导体和杂质半导体。不含杂质的半导体（纯净的半导体）称为本征半导体，其导电能力很差；为了提高本征半导体的导电能力，可在本征半导体中掺入微量杂质元素，掺杂后的半导体称为杂质半导体。按掺入杂质的不同，有P型半导体和N型半导体之分。

1）P型半导体。在四价元素的本征半导体中掺入三价元素后所形成的半导体，称为P型半导体。如在四价的硅（或锗）半导体中，掺入三价元素硼（或铝、铟）后所形成的半导体。

在P型半导体中，空穴为多数载流子，自由电子为少数载流子，主要靠空穴导电。空穴主要由掺入的杂质原子提供，自由电子由热激发形成。掺入的杂质越多，多数载流子（空穴）的浓度就越高，导电性能就越强。P型半导体又称为空穴型半导体。

2）N型半导体。在四价元素的本征半导体中掺入五价元素后所形成的半导体，称为N型半导体。如在四价的硅（或锗）半导体中，掺入五价元素磷（或砷、锑）后所形成的半导体。

在N型半导体中，自由电子为多数载流子，空穴为少数载流子，主要靠自由电子导电。自由电子主要由掺入的杂质原子提供，空穴由热激发形成。掺入的杂质越多，自由电子的浓度就越高，导电性能就越强。N型半导体又称为电子型半导体。

2. PN结及其单向导电性

（1）PN结　把P型半导体和N型半导体用特殊的工艺使其结合在一起，就会在交界处形成一个特殊的带电薄层，该薄层称为"PN 结"，如图 1-5 所示。

（2）PN 结的单向导电性

1）PN 结外加正向电压导通。加在 PN 结上的电压称为偏置电压，P 型半导体（又称为 P 区）接电源正极、N 型半导体（又称为 N 区）接电源负极，则称 PN 结外加正向电压或 PN 结正向偏置，简称正偏，如图 1-6a 所示。此时，PN 结在外加正向电压作用下变得很薄，电阻很小，电流可以顺利地通过 PN 结形成电路电流 I_F。外加正向电压越大，电路电流 I_F 就越大，称为 PN 结导通。PN 结正

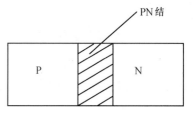

图 1-5　PN 结示意图

向导通时通过的电流 I_F 称为正向电流。由于 PN 结导通时，两端的电压降很小只有零点几伏，因而应在电路中串联一个电阻以限制电路电流，防止 PN 结因电流过大而损坏。

2）PN 结外加反向电压截止。给 PN 结外加反向电压，即外加电源的正极接 N 型半导体、负极接 P 型半导体，这种外加电压的方法称为 PN 结外加反向电压或 PN 结反向偏置，如图 1-6b 所示。此时，PN 结在外加反向电压作用下变得很厚，电阻很大，电流很难通过 PN 结，则电路的电流称为反向电流 I_R，I_R 很小接近于零，称为 PN 结截止。

> **结论：** 由以上分析可知，PN 结外加正向电压导通，外加反向电压截止，具有单向导电性。

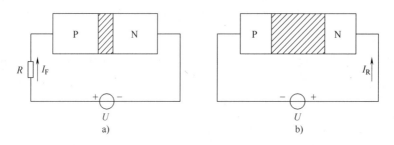

图 1-6　PN 结的单向导电性

a）PN 结外加正向电压　b）PN 结外加反向电压

3. 半导体二极管

（1）半导体二极管的结构、符号和分类

1）结构、符号。在 PN 结的两端各引出一根电极引线，然后用外壳封装起来就构成了半导体二极管（简称二极管），如图 1-7a 所示。由 P 型半导体引出的电极称为正极（或阳极），由 N 型半导体引出的电极称为负极（或阴极）。图形符号如图 1-7b 所示，符号中的箭头方向表示通过二极管正向电流的方向。

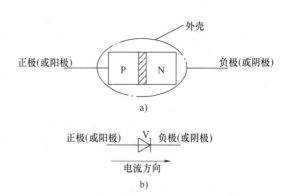

图 1-7　二极管的结构和图形符号

a）结构　b）图形符号

2）半导体二极管的分类及作用（见表 1-2）。

表 1-2　半导体二极管的分类及作用

分类方法	种　类	说　明
按材料不同分	硅二极管	硅材料二极管，常用二极管
	锗二极管	锗材料二极管
按用途不同分	普通二极管	常用二极管
	整流二极管	主要用于整流
	稳压二极管	常用于直流电源
	开关二极管	专门用于开关的二极管，常用于数字电路
	发光二极管	能发出可见光，常用于指示信号
	光电二极管	对光有敏感作用的二极管
	变容二极管	常用于高频电路
按外壳封装的材料不同分	玻璃封装二极管	检波二极管采用这种封装材料
	塑料封装二极管	大量使用的二极管采用这种封装材料
	金属封装二极管	大功率整流二极管采用这种封装材料
按 PN 结的面积不同分	点接触型	检波二极管采用这种结构
	面接触型	整流二极管采用这种结构
	平面型	大功率二极管和稳压二极管采用这种结构

（2）二极管的特性及主要参数

1）二极管的伏安特性。描述二极管两端电压与通过二极管的电流之间关系的曲线称为二极管的伏安特性，如图 1-8 所示。

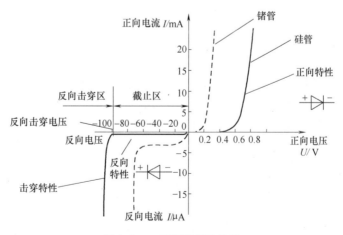

图 1-8　二极管的伏安特性

① 正向特性：此时二极管外加正向电压，曲线位于第一象限，如图 1-8 所示。二极管外加正向电压时并不等于导通，也就是说，虽然加了正向电压，但是外加的正向电压很小，二极管内部呈现的电阻仍很大，正向电流几乎为零，这个区域称为死区。死区所对应的电压称为死区电压，一般硅二极管的死区电压约为 0.5V，锗二极管的死区电压约为 0.1V。当外

加的正向电压大于死区电压后，二极管的电阻变得很小，正向电流随外加电压的增加开始显著增加，二极管处于导通状态，此时其两端的电压称为正向导通管压降（简称导通压降），通常用 U_F 表示。U_F 变化不大，硅管为 $0.6 \sim 0.8V$，锗管为 $0.2 \sim 0.3V$。电路分析时，一般硅管取为 $0.7V$，锗管取为 $0.3V$。

② 反向特性：此时二极管外加反向电压，曲线位于第三象限，如图 1-8 所示。当二极管外加反向电压且小于反向击穿电压时，通过二极管的电流称为反向电流，通常用 I_R 表示。反向电流 I_R 很小，硅管为几十微安，锗管为几百微安，与反向电压无关，此时称为二极管截止。二极管的反向电流受环境温度影响很大，温度每升高 10℃，反向电流约增大一倍。反向电流越小，二极管的温度稳定性越好，质量越好。

③ 反向击穿特性：当外加反向电压增大到反向击穿电压时，通过二极管的反向电流就会突然急剧增大，这种现象称为反向击穿。普通二极管一旦反向击穿就会造成永久性损坏，所以二极管不允许工作在反向击穿区。

2）二极管的主要参数。

① 最大正向电流 I_{FM}：半导体二极管在正常工作情况下，长期允许通过的最大正向电流。实际使用中，若通过二极管的电流长期超过允许的最大正向电流，二极管会因过热而损坏。

② 最高反向工作电压 U_{RM}：半导体二极管正常工作时所能承受的最大反向电压。实际使用中，若加在二极管两端的反向电压超过最高反向工作电压 U_{RM}，二极管有可能因反向击穿而损坏。

③ 反向电流 I_R：给半导体二极管加上规定的反向电压，未击穿时，通过的反向电流。I_R 越小，说明二极管的单向导电性能越好。

④ 最高工作频率 f_M：半导体二极管工作于交流电路时，保持单向导电性所对应的交流电的最高频率。

（3）二极管的选用与代换

1）二极管的选用。为了保证二极管在使用中的安全，不至于因过电流、过电压、过热而造成损坏，必须正确合理地选择二极管。选择二极管时，必须考虑电流、电压、最高工作频率等不能超过规定的最大额定值，可查阅相关手册进行选择。

2）二极管的代换。代换时一般应采用同型号的二极管，没有同型号的二极管时，可查手册选用类型相同、特性相近的二极管代换。

✏ 任务准备

准备万用表一只，各种好、坏半导体二极管若干。

✔ 任务实施

1. 二极管的识别与检测

（1）二极管的识别　二极管的正、负极一般都在外壳上标注出来，可通过外形、引脚的长短、标志环等判断，如图 1-4 所示。标有色环的一端是负极，铜瓣子的电极是负极，发光二极管较短引脚的电极是负极。

（2）用万用表检测二极管

1）二极管极性的检测。

① 万用表调零。首先将万用表量程置"$R×$1k"或"$100Ω$"挡，然后进行调零，调零方法如图1-9所示。

② 将万用表的红表笔和黑表笔分别与二极管的两个引脚相接，记录下万用表的电阻指示值，如图1-10所示。

③ 交换与红表笔和黑表笔相接的二极管引脚，记录下万用表的电阻指示值，如图1-11所示。

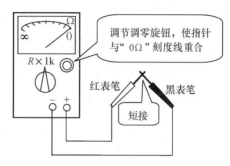

图1-9 万用表调零

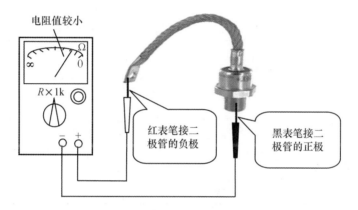

图1-10 二极管正向电阻的测量

以测得的电阻值较小的一次为准，与黑表笔相接的引脚是正极，与红表笔相接的引脚是负极，该电阻值称为二极管的正向电阻，如图1-10所示。相反，较大的电阻值称为二极管的反向电阻，如图1-11所示。

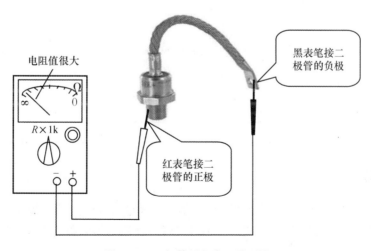

图1-11 二极管反向电阻的测量

2）二极管质量的检测。将两次测量结果进行比较，正、反向电阻值相差越大越好。若两次测量的结果均较大或均较小，说明二极管已损坏。

2. 分组用万用表检测二极管

（1）二极管极性的检测　用万用表测量二极管的正、反向电阻值来确定二极管的正、负极，将测量结果填入表1-3。

（2）二极管质量的检测　用万用表测量二极管正、反向电阻值，对正、反向电阻值进行比较，以判断二极管的好坏，找出损坏原因，填入表1-3。

表1-3　二极管正、反向电阻值

二极管型号	正向电阻值/kΩ	反向电阻值/kΩ	质　量	损坏原因
2AP1				
2AP7				
1N4001				
1N4003				
1N4004				
2CZ52B				

✍ 检查评议

评分标准见表1-4。

表1-4　评分标准

序号	项目内容	评分标准	配分	扣分	得分
1	学习态度	1. 对学习不感兴趣，扣5分 2. 观察不认真，扣5分	10分		
2	协作精神	协作意识不强，扣10分	10分		
3	二极管的识别与检测	1. 不会测量引脚，扣20分 2. 不会判断二极管好坏，扣20分	40分		
4	万用表的使用	1. 不会读数，扣10分 2. 万用表使用不正确，扣10分	20分		
5	安全文明操作	1. 不爱护仪器设备，扣10分 2. 不注意安全，扣10分	20分		
6	合计		100分		
7	时间	45min			

💡 注意事项

1）指针式万用表的红表笔内接电池的负极，黑表笔内接电池的正极，它们的实际极性刚好与表壳接线端上所标的相反，使用时不可以将红表笔当作电源的正极，黑表笔当作电源的负极。

2）测量二极管正、反向电阻时，注意两只手不能同时触及二极管的两只引脚，以免引起测量误差。

知识扩展

1. 我国二极管的型号命名方法

按国家标准 GB/T 249—2017《半导体分立器件型号命名方法》的规定，二极管的型号命名由五部分组成。组成部分的符号与意义见表 1-5。

表 1-5　型号组成部分的符号及意义

第一部分（数字）		第二部分（拼音字母）		第三部分（拼音字母）		第四部分（数字）	第五部分（拼音）
表示器件电极数		表示器件的材料和极性		表示器件的类型			
符号	意义	符号	意义	符号	意义		
2	二极管	A	N 型，锗材料	P	小信号管	表示器件的登记顺序号	表示器件规格号
				Z	整流管		
		B	P 型，锗材料	W	电压调整管和电压基准管		
				K	开关管		
		C	N 型，硅材料	C	变容管		
				L	整流堆		
		D	P 型，硅材料	S	隧道管		
				H	混频管		
		E	化合物或合金材料	V	检波管		

2. 国外常用半导体器件型号的意义

例如：

3. 常用二极管的参数

常用普通二极管、整流二极管、发光二极管的参数分别见表 1-6、表 1-7 和表 1-8。

表 1-6　常用普通二极管的参数

型号	最大整流电流 /mA	最高反向工作电压（峰值）/V	反向击穿电压（反向电流为 400μA） /V	正向电流（正向电压为 1V） /mA	反向电流（反向电压分别为 10V、100V） /μA	最高工作频率 /MHz
2AP1	16	20	≥40	≥2.5	≤250	150
2AP2	16	30	≥45	≥1.0	≤250	150
2AP3	25	30	≥45	≥7.5	≤250	150
2AP7	12	100	≥150	≥5	≤250	150

表1-7　常用整流二极管的参数

型号	最大正向电流（平均值）/A	最高反向工作电压（峰值）/V	最高反向工作电压下的反向电流/mA		最大正向电流下的正向电压降/V
			20℃	125℃	
2CZ12	3	50			≤0.8
2CZ12A	3	100			≤0.8
2CZ13	5	50	≤0.01		≤0.8
2CZ13J	5	1000	≤0.01	≤1	≤0.8
2CZ53B	0.1	50	≤0.05	≤1	≤0.8
1N4001	1	50	≤0.05	≤1.5	≤1
1N4002	1	100		≤1.5	≤1
1N4003	1	200			≤1
1N4004	1	400			≤1

表1-8　常用发光二极管的参数

颜　　色	波长/nm	基 本 材 料	正向电压降（10mA 时）/V
红	650	磷砷化镓	1.6～1.8
黄	590	磷砷化镓	2～2.2
绿	555	磷化镓	2.2～2.4

4. 光敏元件

　　光敏电阻、光电二极管、光电晶体管是常用的分立光敏器件，其图形符号如图 1-12 所示。

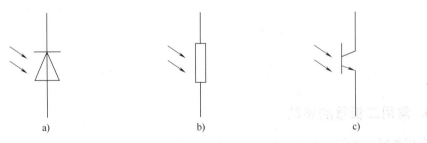

图 1-12　光敏元件图形符号
a）光电二极管　b）光敏电阻　c）光电晶体管

5. 工作原理

　　（1）光电二极管　光电二极管工作在反向电压下，是一种光电转换器。当光照射在其 PN 结上时，PN 结将吸收光能并转换成电能，其反向电流随光照射强度的增大而增大。

　　（2）光敏电阻　光敏电阻通常由光敏层、玻璃基片（或树脂防潮膜）和电极等组成，如图 1-13a 所示。光敏电阻在电路中用字母 "R" 或 "RL" "RG" 表示。光敏电阻的工作原理是基于内光电效应，如图 1-13b 所示。在半导体光敏材料两端装上电极引线，将其封装在带有透明窗的管壳里就构成光敏电阻。为了增加灵敏度，两电极常做成梳状。用于制造光敏电阻的材料主要是金属的硫化物、硒化物和碲化物等半导体。通常采用涂敷、喷涂、烧结等方法在绝缘衬底上制作很薄的光敏电阻体及梳状欧姆电极，接出引线，封装在具有透光镜的密封壳体内，以免受潮影响其灵敏度。入射光消失后，由光子激发产生的电子-空穴对将复合，光敏电阻的阻值也就恢复原值。在光敏电阻两端的金属电极加上电压，其中便有电流通过，受到一定波长的光线照射时，电流就会随光照射强度的增大而变大，从而实现光电转换。光敏电阻没有极性，纯粹是一个电阻元件，使用时既可以加直流电压，也可以加交流电压。半导体的导电能力取决于半导体导带内载流子数目。

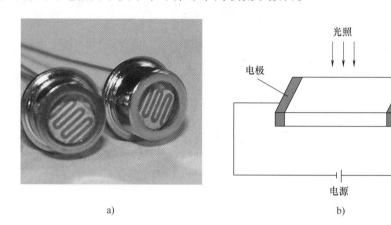

a)   b)

图 1-13 光敏电阻及其原理图

a）光敏电阻 b）光敏电阻原理图

（3）光电晶体管 光电晶体管也只有两个电极，即发射极和集电极。它的等效内部结构如图 1-14 所示。

由于晶体管的放大作用，光电晶体管具有更大的光电流和更高的灵敏度。使用时同普通晶体管一样，集电极与发射极间要施加正确的工作电压。

6. 应用

光敏电阻属半导体光敏器件，除具有灵敏度高、反应速度快、光谱特性及 r 值一致性好等特点外，在高温、多湿的恶劣环境下，还能保持高度的稳定性和可靠性，可广泛应用于照相机、太阳能庭院灯、草坪灯、验钞机、石英钟、音乐杯、礼品盒、迷你小夜灯、光声控开关、路灯自动开关、光控玩具以及光控灯饰等光自动开关控制领域。

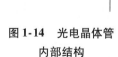

**图 1-14 光电晶体管
内部结构**

📖 考证要点

知识点：二极管内部就是一个 PN 结，按 PN 结面积的不同，可分为点接触型、面接触型和平面型三种。二极管的特点是具有单向导电性。二极管的主要参数有最大正向电流 I_{FM}、最高反向工作电压 U_{RM} 和反向电流 I_R。

试题精选：

(1) 当二极管外加反向电压时，反向电流很小，且不随（ D ）变化。

A. 正向电流　　　B. 正向电压　　　C. 电压　　　D. 反向电压

(2) 选择二极管时，二极管的最大正向电流 I_{FM} 应（ B ）。

A. 小于负载电流　　B. 大于负载电流　　C. 随意　　　D. 等于负载电流

【练习题】

1. 填空题

(1) 二极管的 P 区引出端叫（　　　），N 区引出端叫（　　　）。

(2) PN 结外加正向电压（　　　），外加反向电压（　　　）。

(3) 二极管外加正向电压（　　　），外加反向电压（　　　）。

(4) 二极管导通时相当于开关（　　　），截止时相当于开关（　　　）。

(5) 硅二极管的导通电压降是（　　　）V，锗二极管的导通电压降是（　　　）V。

(6) 硅二极管的死区电压是（　　　）V，锗二极管的死区电压是（　　　）V。

(7) 硅二极管的反向电流（　　　），锗二极管的反向电流（　　　）。

(8) 二极管的正向接法是：（　　　）接电源的正极，（　　　）接电源负极；反向接法相反。

(9) 二极管导通条件是外加（　　　）电压必须大于（　　　）电压。

2. 判断题

(1) 二极管外加正向电压一定导通。（　　　）

(2) 二极管具有单向导电性。（　　　）

(3) 二极管一旦反向击穿就一定损坏。（　　　）

(4) 二极管具有开关特性。（　　　）

(5) 二极管外加正向电压也有稳压作用。（　　　）

(6) 二极管正向电阻很小，反向电阻很大。（　　　）

(7) 测量二极管正、反向电阻时要用万用表的 $R \times 10k$ 挡。（　　　）

3. 选择题

(1) 发光二极管工作时，应加（　　　）。

A. 正向电压　　　　　　　　　　B. 反向电压

C. 正向电压或反向电压　　　　　D. 无法确定

(2) 当硅二极管加上 0.4V 正向电压时，该二极管相当于（　　　）。

A. 很小电阻　　　B. 很大电阻　　　C. 短路　　　D. 开路

(3) PN 结的最大特点是具有（　　　）。

A. 导电性　　　B. 绝缘性　　　C. 单向导电性　　　D. 光敏特性

(4) 当环境温度升高时，二极管的反向电流将（　　　）。

A. 增大　　　B. 减小　　　C. 不变　　　D. 先变大后变小

(5) 二极管导通时其管压降（　　　）。

A. 基本不变　　　　　　　　　　B. 随外加电压变化

C. 没有电压　　　　　　　　　　D. 不定

(6) 二极管导通时相当于一个（　　　）。

A. 可变电阻　　　　B. 闭合开关　　　　C. 断开的开关　　　　D. 非常大的电阻

(7) 二极管测得的正、反向电阻都很小，说明二极管内部（　　）。

A. 完好　　　　　　B. 短路　　　　　　C. 开路　　　　　　　D. 坏了

4. 简答题

（1）什么是 PN 结？ PN 结最基本的特性是什么？

（2）半导体的导电特性有哪些？

任务3 单相整流电路的装配与测试

🥕 任务描述

本任务主要介绍单相整流电路的组成、工作原理及简单计算，以及电路的装配与测试方法、二极管的选择等，使学生能按工艺要求独立装配一个元器件布置均匀，布线合理，焊点合格，不能有虚焊、漏焊现象，输出电压为 12V 的单相桥式整流电路，并测试电路的输入、输出波形和输出电压的幅值，能独立排除调试过程中出现的故障。

👉 任务分析

整流电路是直流稳压电源的一部分，其任务是将交流电转换成脉动的直流电。小功率直流稳压电源常用的是单相整流电路，其形式有单相半波整流电路和单相桥式整流电路。本任务要求根据给定的技术指标，按单相桥式整流电路原理图装配并调试出满足工艺要求和技术要求的合格电路，并能独立解决调试过程中出现的故障，从而提高学生的动手能力、分析问题和解决问题的能力。

本任务的重点是元器件的选择与安装调试，电路元器件布置和布线示意图如图 1-15 和图 1-16 所示，图中四个二极管组成单相桥式整流电路，电阻是整流电路的直流负载。

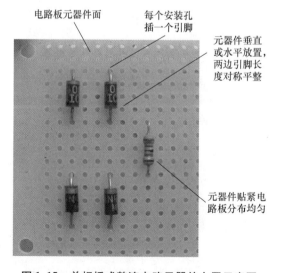

图 1-15　单相桥式整流电路元器件布置示意图

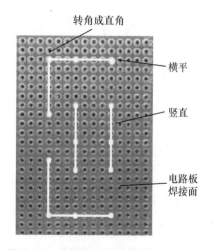

图 1-16　单相桥式整流电路布线示意图

📖 **相关知识**

1. 单相半波整流电路

（1）电路组成　单相半波整流电路如图 1-17 所示，由电源变压器 T、二极管 V 组成，R_L 为负载电阻。其中，电源变压器 T 用来将电网 220V 交流电压变换为整流电路所要求的交流低电压，同时保证直流电源与电网电源有良好的隔离。二极管 V 是整流器件，利用其单向导电的作用完成交流电变换成脉动直流电的任务。

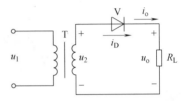

图 1-17　单相半波整流电路

（2）工作原理分析　设变压器二次电压 $u_2 = \sqrt{2} U_2 \sin\omega t$。在 u_2 的正半周（$0 \leqslant \omega t \leqslant \pi$）时，如图 1-14 所示，二极管 V 因正偏而导通，流过二极管的电流 i_D 同时流过负载电阻 R_L，即 $i_D = i_o$，负载电阻上的电压 $u_o = u_2$。在 u_2 的负半周（$\pi \leqslant \omega t \leqslant 2\pi$）时，二极管因反偏而截止，$i_o = 0$，因此，输出电压 $u_o = 0$，此时 u_2 全部加在二极管两端，即二极管承受反向电压 $u_D = u_2$。

单相半波整流电路电压、电流波形如图 1-18 所示，负载上的电压是单方向脉动的电压。由于该电路只在 u_2 的正半周有输出电压，所以称为半波整流电路。

半波整流电路输出脉动直流电压的平均值 U_o 为

$$U_o = 0.45 U_2 \qquad (1-5)$$

负载电流平均值 I_o 为

$$I_o = \frac{U_o}{R_L} = 0.45 \frac{U_2}{R_L} \qquad (1-6)$$

二极管的平均电流 I_D 为

$$I_D = I_o \qquad (1-7)$$

二极管承受的反向峰值电压 U_{Rm} 为

$$U_{Rm} = \sqrt{2} U_2 \qquad (1-8)$$

（3）整流二极管的选择　实际应用中选择二极管时应满足：$I_{FM} \geqslant I_D$，$U_{RM} \geqslant U_{Rm}$。

半波整流电路结构简单，使用元器件少，但整流效率低，输出电压脉动较大，因此，它只适用于要求不高的场合。

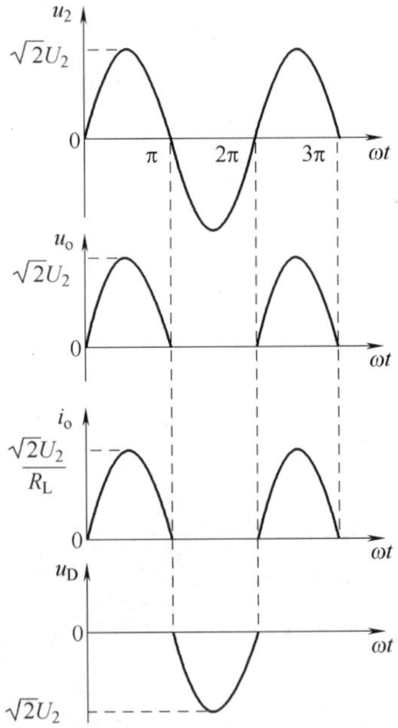

2. 单相桥式整流电路

（1）电路组成　单相桥式整流电路如图 1-19 所示，电路由四个二极管接成四臂电桥的形式完成整流，故称为桥式整流电路。

（2）工作原理　设变压器二次电压 $u_2 = \sqrt{2} U_2 \sin\omega t$，其输入、输出波形如图 1-20a 所示。在 u_2 的正半周，即 a 点为正，b 点为负时，整流二极管 V_1、V_3 正偏导通，V_2、V_4 反

图 1-18　单相半波整流电路
电压、电流波形

偏截止，此时流过负载的电流方向如图 1-21a 所示，电流路径为 a→V_1→R_L→V_3→b，负载 R_L 上得到一个半波电压，如图 1-20b 中 0 ~ π 所示。若略去二极管的正向电压降，则 $u_o = u_2$。

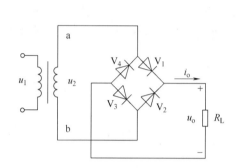

图 1-19　单相桥式整流电路

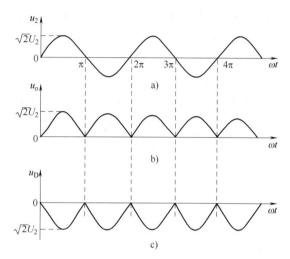

图 1-20　单相桥式整流电路输入、输出波形

在 u_2 的负半周，即 a 点为负，b 点为正时，整流二极管 V_1、V_3 反偏截止，整流二极管 V_2、V_4 正偏导通，此时流过负载的电流方向如图 1-21b 所示，电流路径为 b→V_2→R_L→V_4→a，负载 R_L 上得到一个半波电压，如图 1-20b 中 π ~ 2π 所示。若略去二极管的正向电压降，则 $u_o = -u_2$。

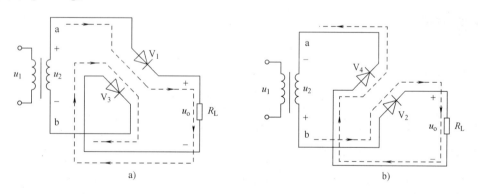

图 1-21　桥式整流电路电流通路
a）u_2 为正半周时的工作情况　b）u_2 为负半周时的工作情况

由此可见，在交流电压 u_2 的整个周期始终有同方向的电流流过负载电阻 R_L，故 R_L 上得到单方向全波脉动的直流电压。为此，桥式整流电路输出电压为半波整流电路输出电压的两倍，所以桥式整流电路输出电压平均值为

$$U_o = 2 \times 0.45 U_2 = 0.9 U_2 \tag{1-9}$$

桥式整流电路中，由于每两个二极管只导通半个周期，故流过每个二极管的平均电流仅为负载电流的 1/2，即

$$I_{D} = \frac{1}{2}I_{o} = \frac{U_{o}}{2R_{L}} = 0.45\frac{U_2}{R_L} \tag{1-10}$$

在 u_2 的正半周，V_1、V_3 正偏导通时，可将它们看成短路，这样 V_2、V_4 就并联在 u_2 上，其承受的反向峰值电压与半波整流电路相同，仍为 $U_{Rm} = \sqrt{2}U_2$。

同理，V_2、V_4 导通时，V_1、V_3 截止，其承受的反向峰值电压也为 $U_{Rm} = \sqrt{2}U_2$。二极管承受的电压波形如图 1-20c 所示。

（3）整流二极管的选择　实际应用中选择二极管时应满足：$I_{FM} \geq I_D$，$U_{RM} \geq U_{Rm}$。

由以上分析可知，桥式整流电路与半波整流电路相比较，其输出电压 U_o 提高，脉动成分减小了。工程实际应用中，单相桥式整流电路常用习惯画法和简化画法表示，如图 1-22 所示。

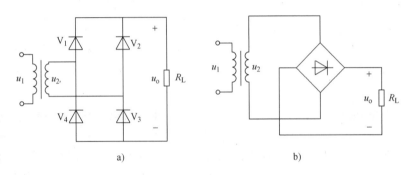

图 1-22　桥式整流电路的习惯画法与简化画法

a）习惯画法　b）简化画法

任务准备

准备所需仪表、工具：常用电子组装工具一套、双通道示波器一台、万用表一只。所需电子元器件及材料见表 1-9。

表 1-9　电子元器件及材料

代　号	名　称	规　格	代　号	名　称	规　格
V_1	整流二极管	1N4001		带插头电源线	
V_2	整流二极管	1N4001		万能电路板	
V_3	整流二极管	1N4001		$\phi 0.8mm$ 镀锡铜丝	
V_4	整流二极管	1N4001		焊料、助焊剂	
R_L	碳膜电阻器	1kΩ		绝缘胶布	
T	电源变压器	AC 220V/7.5V×2			

任务实施

1. 电路装配

（1）元器件布置　必须按照电路原理图和元器件的外形尺寸、封装形式等在万能电路板上均匀布置元器件，避免安装时相互影响，应做到使元器件排布疏密均匀；电路走向基本与电路原理图一致，一般由输入端开始向输出端"一字形排列"，逐步确定元器件的位置，互相连接的元器件应就近安放；每个安装孔只能插入一个元器件引脚，元器件水平或垂直放置，不能斜放。大多数情况下元器件都安装在电路板的同一个面上，通常把安装元器件的面称为电路板元器件面。桥式整流电路的布置示意图如图 1-15 所示。

（2）布线　按电路原理图的连接关系布线。布线应做到横平竖直，转角成直角，导线不能相互交叉。通常把布线面称为电路板焊接面。单相桥式整流电路布线示意图如图 1-16 所示。

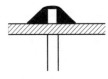

（3）焊接工艺要求　为确保焊接质量，要求焊点光亮、圆滑，不能有虚焊、搭焊、孔隙、毛刺等，如图 1-23 所示；有虚焊、搭焊、孔隙、毛刺、焊锡太少或过多的焊点都是不合格的焊点，如图 1-24 所示。将元器件引脚与焊盘焊接后，应剪去过长的引脚，如图 1-25 所示。

图 1-23　合格焊点

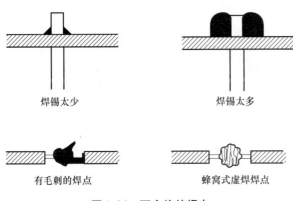

焊锡太少　　　　　焊锡太多

有毛刺的焊点　　　蜂窝式虚焊焊点

图 1-24　不合格的焊点

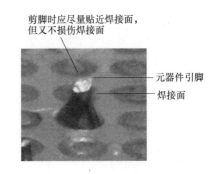

剪脚时应尽量贴近焊接面，但又不损伤焊接面

元器件引脚

焊接面

图 1-25　焊接点剪脚示意图

（4）焊接检查　焊接结束，首先检查电路有无漏焊、错焊、虚焊等问题。检查时可用尖嘴钳或镊子将每个元器件拉一拉，看有无松动，如果发现有松动现象，应重新焊接。

2. 通电前的检查

电路安装完毕后，必须在不通电的情况下，对电路板进行认真细致的检查，以便纠正安装错误。检查中应特别注意：

1）元器件引脚之间有无短路。

2）输入交流电源有无短路。

3）二极管极性有无接反。

检查中，可借助指针式万用表"$R \times 1k$"挡或数字式万用表"Ω"挡的蜂鸣器来测量。测量时应直接测量元器件引脚，这样可以同时发现接触不良的地方。

3. 电路测试

（1）测试结果　使用示波器和万用表分别测量单相半波整流电路和单相桥式整流电路的输入、输出电压波形和幅值，将结果记录在表 1-10 中。

表 1-10   测试结果（1）

整流电路形式	输 入 电 压			输 出 电 压		
	万用表挡位	U_2/V	波形	万用表挡位	U_o/V	波形
半波整流						
桥式整流						

（2）故障检测　单相桥式整流电路中，已知变压器二次电压有效值 $U_2 = 10V$，$R_L = 50\Omega$，分别测试：

1) 当电路中有一个二极管开路时的输出电压值。

2) 当电路中有两个二极管同时开路时的输出电压值。

3) 当负载电阻 R_L 开路时的输出电压值。

将上述结果填入表 1-11。

表 1-11   测试结果（2）

故 障 现 象	输 出 电 压		
	万用表挡位	U_o/V	波形
二极管 V_1 开路			
二极管 V_1、V_2 同时开路			
二极管 V_1、V_3 同时开路			
负载电阻 R_L 开路			

✍ 检查评议

评分标准见表 1-12。

表 1-12   评分标准

序号	项目内容	评 分 标 准	配分	扣分	得分
1	元器件布置	不符合要求，扣 20 分	20 分		
2	焊接质量	焊点不符合要求，扣 20 分	20 分		
3	仪器仪表使用情况	1. 仪表使用不正确，扣 10 分 2. 测量错误，扣 10 分	20 分		

（续）

序号	项目内容	评分标准	配分	扣分	得分
4	安全操作	1. 不爱护设备，扣 10 分 2. 不注意安全，扣 10 分	20 分		
5	故障排除	1. 不会分析故障，扣 10 分 2. 不会查找故障，扣 10 分	20 分		
6	合计		100 分		
7	时间	45min			

 注意事项

1）焊接二极管引脚时，电烙铁头在焊点处停留的时间应控制在 2 ~ 3s，防止时间过长温度过高烫坏二极管。也可左手用尖嘴钳或镊子夹持元器件或导线以帮助散热。

2）焊接操作中要注意电烙铁上的焊锡不能乱甩，以免烫伤他人。

知识扩展

1. 整流桥

整流桥有半桥和全桥两种形式。全桥是将整流电路的四个二极管制作在一起，封装成一个器件，有四个引出脚，两个二极管负极的连接点是全桥直流输出端的正极，两个二极管正极的连接点是全桥直流输出端的负极，如图 1-26 所示。

  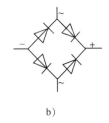

b)

a)

图 1-26　整流桥
a）封装与引脚排列　b）电路原理图

2. 整流桥的主要参数

（1）额定反向峰值电压　整流桥的额定反向峰值电压有 25V、50V、100V、200V、300V、400V、500V、600V、800V、1000V 等多种规格。

（2）正向平均整流电流　全桥的正向平均整流电流有 0.5A、1A、1.5A、2A、2.5A、3A、5A、10A、20A、35A、50A 等多种规格。

3. 整流桥的命名规则

一般整流桥命名中有 3 个数字，第一个数字代表额定电流（单位为 A），后两个数字代表额定电压（数字 ×100V）。

例如：GBU808G 其额定电流为 8A，额定反向峰值电压为 800V。

4. 整流桥引脚的识别方法

整流桥外壳上各引脚对应位置上标有"~"（或 AC）符号，表示该引脚为交流输入端，"+""−"符号表示该引脚分别为输出直流电压的正极和负极。

5. 整流桥的选择

整流桥的选择主要考虑整流电路的形式、工作电压和输出电流。

6. 整流桥的检测

整流桥的检测方法与二极管的检测方法一样，主要利用万用表通过测试内部二极管的正、反向电阻来检测其好坏。检测方法如图 1-27 和图 1-28 所示。正向电阻越小越好，反向电阻越大越好。

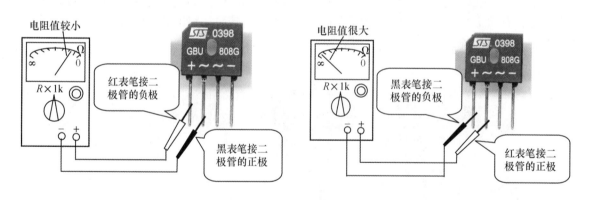

图 1-27　正向电阻的测量　　　　　　　　图 1-28　反向电阻的测量

测量这两个引脚后，再顺时针依次测量下一个二极管的两个引脚，测量结果应与上述测量一样，直至将四个二极管全部测量完为止。

测量中若有一个二极管的正、反向电阻值相同，或都非常大，或都非常小，说明此整流桥已损坏。

考证要点

知识点： 单相半波和单相桥式整流电路的工作原理、输出直流电压平均值 U_o、直流电流平均值 I_o、通过二极管的电流 I_D 与二极管承受的最高反向电压 U_{Rm} 的计算。

试题精选：

（1）N 型硅材料整流堆二极管用（　D　）表示。

A. 2CP　　　　　　　B. 2CW　　　　　　　C. 2CZ　　　　　　　D. 2CL

（2）单相桥式整流电路输出直流电压平均值为变压器二次电压有效值的（　A　）倍。

A. 0.9　　　　　　　B. 0.45　　　　　　　C. 0.707　　　　　　D. 1

（3）在单相桥式整流电路中，通过二极管的电流为（　B　）。

A. I_o　　　　　　　B. $0.5I_o$　　　　　　C. $2I_o$　　　　　　D. $0.45I_o$

【练习题】

1. 填空题

（1）整流是利用（　　　）的（　　　）导电性实现的。

（2）整流是将（　　　）电变成（　　　）电的过程。

（3）在单相桥式整流电路中若有一个二极管开路，则输出电压为（　　　）。

（4）在单相桥式整流电路中若负载电阻开路，则输出电压为（　　　）。

（5）在单相半波整流电路中若负载电阻开路，则输出电压为（　　　）。

（6）在单相桥式整流电路中若有一个二极管极性接反，则输出电压为（　　　）；若四个二极管极性都接反，输出电压为（　　　）。

2. 判断题

（1）单相桥式整流电路中，通过整流二极管电流的平均值等于负载中流过的平均电流。（　　　）

（2）直流负载电压相同时，单相桥式整流电路中二极管所承受的反向电压比单相半波整流电路高一倍。（　　　）

（3）在单相整流电路中，输出直流电压的大小与负载大小无关。（　　　）

（4）单相桥式整流电路在输入交流电的每个半周内都有两个二极管导通。（　　　）

（5）在桥式整流电路中可以允许有一个二极管极性接反。（　　　）

（6）在半波整流电路中二极管的极性可以反接。（　　　）

3. 选择题

（1）单相整流电路中，二极管承受的反向电压最大值出现在二极管（　　　）。

A. 截止时　　　　　　　　　　　　B. 导通时

C. 由导通转截止时　　　　　　　　D. 由截止转导通时

（2）单相半波整流电路输出电压平均值为变压器二次电压有效值的（　　　）倍。

A. 0.9　　　　　　　B. 0.45　　　　　　　C. 0.707　　　　　　D. 1

（3）在单相整流电路中二极管承受的最小电压是在二极管（　　　）。

A. 导通时　　　　　　　　　　　　B. 截止时

C. 由导通转截止时　　　　　　　　D. 由截止转导通时

4. 简答题

（1）什么叫整流电路？

（2）在桥式整流电路中出现下列故障，会出现什么现象？

①R_L 短路；②有一个二极管击穿；③有一个二极管极性接反；④R_L 开路。

5. 计算题

（1）有一单相半波整流电路，交流电压 $U_i = 220V$，$R_L = 10\Omega$，电源变压器的匝数比 $n =$

10，试求：整流输出电压 U_o。

（2）在单相桥式整流电路中，要求输出直流电压为25V，输出直流电流为200A，试分析二极管的电压、电流应满足的要求。

任务4 **滤波电路的装配与测试**

 **任务描述**

本任务主要介绍电容滤波电路的组成、工作原理及简单计算，滤波电容的选择、电路的装配与测试方法，并能使学生独立测试电路的输入、输出波形，输出电压的幅值，排除调试过程中出现的故障。

👉 **任务分析**

滤波电路是直流稳压电源的一部分，其任务是将整流输出的脉动直流电转换成较平滑的直流电。整流电路输出的脉动直流电中，含有大量的交流成分。为了获得平滑的直流电，应在整流电路后面加接滤波电路，滤除交流成分，以获得较为平滑的直流电。

小功率直流稳压电源常用的滤波电路有电容滤波电路和电感滤波电路以及复式滤波电路等。

本任务要求根据给定的技术指标，按单相桥式整流电容滤波电路原理图装配并调试出满足工艺要求和技术要求的合格电路，并能独立排除调试过程中出现的故障，从而提高学生的动手能力、分析问题和解决问题的能力。电路原理图和元器件布置图分别如图1-29a、b所示，图中 C 是滤波电容，起到滤波的作用。

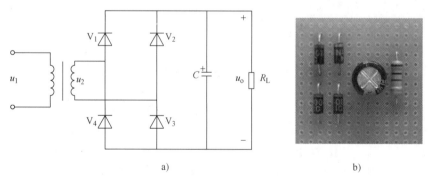

a)   b)

图1-29 桥式整流电容滤波电路

a）原理图 b）元器件布置图

任务的重点是掌握电容滤波电路的外特性、元器件的安装调试及故障处理。

📖 **相关知识**

1. 电容滤波电路

（1）单相半波整流电容滤波电路 在整流电路输出端与负载电阻 R_L 并联一个较大电容

C，则此并联的电容 C，便构成电容滤波电路如图 1-30a 所示。

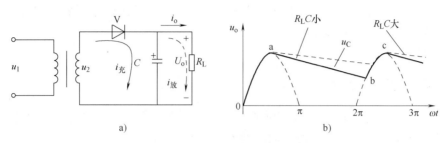

图 1-30 半波整流电容滤波电路

a）原理图 b）工作波形

设电容两端初始电压为零，并假设在 $t=0$ 时接通电路，u_2 为正半周，当 u_2 由 0 上升时，二极管 V 导通，C 被充电，同时电流经二极管 V 向负载电阻供电。如果忽略二极管正向电压降和变压器内阻电压降，则 $u_o = u_C = u_2$，在 u_2 达到最大值时，u_C 也达到最大值如图 1-30b 中 a 点所示；然后 u_2 按正弦规律下降，此时，$u_C > u_2$，二极管 V 截止，电容 C 向负载电阻 R_L 放电，由于放电电路电阻较大，电容放电较慢，u_C 近似以直线规律缓慢下降，波形如图 1-30b 中 a、b 段所示；当 u_C 下降到 b 点后，$u_2 > u_C$，二极管 V 又导通，电容 C 再次被充电，输出电压 u_o 随输入电压 u_2 的增加而增加，到 c 点以后，电容 C 再次经 R_L 放电，通过这种周期性充放电，从而可以达到滤波的效果，波形如图 1-30b 所示。

由以上分析可知，由于电容的不断充、放电，使得输出电压的脉动程度减小，而其输出电压的平均值有所提高。输出电压的平均值 U_o 的大小与 R_LC 的值有关，R_LC 值越大，电容 C 放电越慢，U_o 越大，滤波效果越好。当 $R_L = \infty$ 时，即负载开路时，C 无放电电路，$U_o = U_C = \sqrt{2}U_2$。R_LC 对输出电压的影响如图 1-30b 中虚线所示。由此可见，电容滤波电路适用于负载电流较小的场合。

为了获得良好的滤波效果，一般取

$$R_LC \geqslant (3 \sim 5)T/2 \tag{1-11}$$

式中，T 为整流电路输入交流电压的周期。此时，输出电压的近似值为

$$U_o = U_2 \tag{1-12}$$

（2）单相桥式整流电容滤波电路　图 1-31a 所示为单相桥式整流电容滤波电路，其工作波形如图 1-31b 所示。

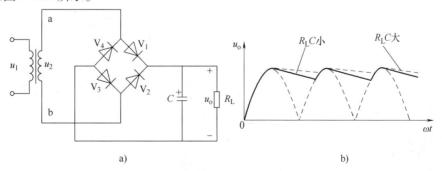

图 1-31 单相桥式整流电容滤波电路

a）原理图 b）工作波形

由图可知，桥式整流电容滤波电路在 u_2 的一个周期内电容充、放电各两次，输出电压的波形更加平滑，输出电压的平均值进一步得到提高，滤波效果更加理想。

桥式整流电容滤波电路输出电压平均值为

$$U_o = 1.2U_2 \tag{1-13}$$

2. 电感滤波及复式滤波电路

（1）电感滤波电路　由于通过电感的电流不能突变，用一个大电感与负载串联，使流过负载电流因不能突变而变得平滑，输出电压的波形平稳，从而实现滤波。电感滤波的实质是因为电感对交流成分呈现很大的阻抗，频率越高，感抗越大，则交流成分电压绝大部分降到电感上，电感对直流没有电压降，若忽略导线电阻，直流均落在负载上，以达到滤波的目的。桥式整流电感滤波电路如图 1-32 所示。

由于电感电压降的影响，使输出电压平均值 U_o 略小于整流电路输出电压的平均值。如果忽略电感线圈的电阻，则 $U_o \approx 0.9U_2$。为了提高滤波效果，要求电感的感抗 $\omega L \gg R_L$，所以滤波电感一般采用带铁心的电感。

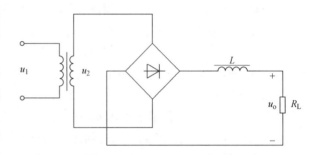

图 1-32　桥式整流电感滤波电路

（2）复式滤波电路　为了进一步减小输出电压的脉动程度，可以用电容和带铁心电感组成各种形式的复式滤波电路。电感型 LC 滤波电路如图 1-33 所示。整流输出电压中的交流成分绝大部分降落在电感上，电容 C 又对交流成分进行二次滤波，故输出电压中交流成分很小，几乎是一个平滑的直流电压。

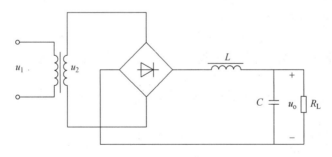

图 1-33　电感型 LC 滤波电路

由于整流后先经电感 L 滤波，总特性与电感滤波电路相近，所以称为电感型 LC 滤波电路。电路的输出电压较低，若将电容平移到电感 L 之前，则称为电容型 LC 滤波电路，该电路输出电压较高，但通过二极管的电流有冲击现象。

任务准备

准备所需仪表、工具：常用电子组装工具一套、双通道示波器一台、万用表一只。所需电子元器件及材料见表 1-13。

表 1-13　电子元器件及材料

代　号	名　称	规　格	代　号	名　称	规　格
V_1	整流二极管	1N4001	T	电源变压器	AC 220V/7.5V×2
V_2	整流二极管	1N4001		带插头电源线	
V_3	整流二极管	1N4001		万能电路板	
V_4	整流二极管	1N4001		ϕ0.8mm 镀锡铜丝	
R_L	碳膜电阻器	1kΩ		焊料、助焊剂	
C	电解电容	47μF/50V		绝缘胶布	

✔ 任务实施

1. 电路装配

（1）元器件布置　元器件布置时，必须按照电路原理图和元器件的外形尺寸、封装形式等在万能电路板上均匀布置，避免安装时相互影响，应做到使元器件排布疏密均匀。

（2）布线　按电路原理图的连接关系布线，布线应做到横平竖直，转角成直角，导线不能相互交叉。

（3）电路焊接　为确保焊接质量，要求焊点光亮、圆滑，不能有虚焊、搭焊、孔隙、毛刺等。

（4）焊接检查　焊接结束，首先检查电路有无漏焊、错焊、虚焊等问题。

2. 通电前的检查

电路安装完毕后，必须在不通电的情况下，对电路板进行认真细致的检查，以便纠正安装错误。检查中应特别注意：

1）元器件引脚之间有无短路。

2）输入交流电源有无短路。

3）二极管极性有无接反。

4）电解电容的极性有无接反。

3. 电路测试

（1）测试结果　使用示波器和万用表分别测量单相半波整流电容滤波电路和单相桥式整流电容滤波电路的输入、输出电压波形和幅值，将结果记录在表 1-14 中。

表 1-14　测试结果（3）

整流电路形式	输入电压			输出电压		
	万用表挡位	U_2/V	波形	万用表挡位	U_o/V	波形
半波整流电容滤波电路						

（续）

整流电路形式	输 入 电 压			输 出 电 压		
	万用表挡位	U_2/V	波形	万用表挡位	U_o/V	波形
桥式整流电容滤波电路						

（2）故障检测　桥式整流电容滤波电路中，已知变压器二次电压有效值 $U_2 = 10\text{V}$，$R_L = 50\Omega$，分别测试：

1）当电路中有一个二极管开路时的输出电压值。

2）当滤波电容开路时的输出电压值。

3）当负载电阻 R_L 开路时的输出电压值。

4）一个二极管和滤波电容同时开路时的输出电压值。

将上述结果填入表 1-15。

表 1-15　测试结果（4）

故 障 现 象	输 出 电 压		
	万用表挡位	U_o/V	波形
二极管 V_1 开路			
滤波电容开路			
负载电阻 R_L 开路			
一个二极管和滤波电容同时开路			

✍ 检查评议

评分标准见表 1-16。

表 1-16　评分标准

序号	项目内容	评分标准	配分	扣分	得分
1	元器件布置	不符合要求，扣 20 分	20 分		
2	焊接质量	焊点不符合要求，扣 20 分	20 分		
3	仪器仪表使用情况	1. 仪表使用不正确，扣 10 分 2. 测量错误，扣 10 分	20 分		
4	安全操作	1. 不爱护设备，扣 10 分 2. 不注意安全，扣 10 分	20 分		
5	故障排除	1. 不会分析故障，扣 10 分 2. 不会查找故障，扣 10 分	20 分		
6	合计		100 分		
7	时间	45min			

🔅 注意事项

1）焊接二极管引脚时，烙铁头在焊点处停留的时间应控制在 2～3s，以防止时间过长，温度过高烫坏二极管。也可左手用尖嘴钳或镊子夹持元器件或导线以帮助散热。

2）焊接操作中要注意电烙铁上的焊锡不能乱甩，以免烫伤他人。

3）焊接时注意检查二极管与电解电容的极性，不能接反。

👆 知识扩展

1. 桥式整流电容滤波电路输出特性（外特性）

描述电容滤波电路输出电压与负载电流关系的曲线称为输出特性，如图 1-34 所示。

由图 1-34 可见，负载电流越小，输出电压越高，随着负载电流的增加，输出电压将减小，所以电容滤波电路适用于输出电压较高，负载电流较小且负载变动不大的场合。

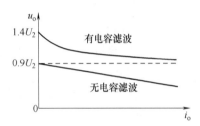

图 1-34   桥式整流电容滤波
电路输出特性

2. 二极管的选择

电容滤波电路通过二极管的电流有冲击，所以选择二极管参数时必须留有足够的电流裕量。一般取实际负载电流的 2～3 倍。

3. 电容器耐压的选择

电容器承受的最高峰值电压为 $\sqrt{2}U_2$，考虑到交流电源电压的波动，滤波电容器的耐压常取 $(1.5～2)U_2$。

🔍 考证要点

知识点：小功率直流稳压电源常用的滤波电路有电容滤波电路和电感滤波电路以及复式滤波电路等。桥式整流电容滤波电路输出电压平均值为 $U_o = 1.2U_2$，电容滤波电路适用于输出电压较高，负载电流较小且负载变动不大的场合。

试题精选：

（1）输出电压为 $0.9U_o$ 的电路是电容滤波电路。（ × ）

（2）在桥式整流电容滤波电路中若负载电阻开路时，输出电压为（ C ）。

A. $0.9U_2$ B. $0.45U_2$ C. $1.414U_2$ D. U_2

（3）在滤波电路中，与负载并联的元器件是（ A ）。

A. 电容   B. 电感   C. 电阻   D. 开关

【练习题】

1. 填空题

（1）常用的滤波电路有（   ）、（   ）、复式滤波等几种。

（2）滤波电路的作用是滤去（　　）提取（　　）。

（3）在桥式整流电容滤波电路中若负载电阻开路，则输出电压为（　　），若滤波电容开路输出电压为（　　）。

（4）在半波整流电容滤波电路中若负载电阻开路，则输出电压为（　　），若滤波电容开路输出电压为（　　）。

（5）在桥式整流电容滤波电路中若有一个二极管极性接反，则输出电压为（　　），若四个二极管极性都接反输出电压为（　　）。

（6）滤波电容应和负载（　　），滤波电感应和负载（　　）。

2. 判断题

（1）整流电路接入电容滤波后，输出直流电压下降。（　　）

（2）电容滤波电路带负载的能力比电感滤波电路强。（　　）

（3）单相整流电容滤波电路中，电容器的极性不能接反。（　　）

（4）在电容滤波电路中，整流二极管的导通时间缩短了。（　　）

（5）在电容滤波电路中，整流二极管通过的电流有冲击现象。（　　）

3. 选择题

（1）单相桥式整流电路接入滤波电容后，二极管的导通时间（　　）。

A. 变长　　　　　　　　　　　　B. 变短

C. 不变　　　　　　　　　　　　D. 变化不一定

（2）电容滤波电路适合于（　　）。

A. 大电流负载　　　B. 小电流负载　　　C. 一切负载　　　D. 对负载没要求

（3）在单相半波整流电容滤波电路中若负载电阻开路时，输出电压为（　　）。

A. $0.9U_2$　　　　B. $0.45U_2$　　　　C. U_2　　　　D. $1.414U_2$

4. 简答题

（1）什么叫滤波电路？

（2）在桥式整流电容滤波电路中出现下列故障，会出现什么现象？

①R_L短路；②有一个二极管击穿；③有一个二极管极性接反。

（3）桥式整流电容滤波电路输出电压在多大范围内变化？

5. 计算题

（1）有一单相桥式整流电容滤波电路，交流电压 $U_i = 220V$，$R_L = 10\Omega$，电源变压器的匝数比 $n = 10$。求：整流输出电压 U_o。

（2）单相桥式整流电容滤波电路，要求输出直流电压为 25V，输出直流电流为 20mA，试分析二极管的电压、电流应满足的要求。

任务5　晶体管的检测与选用

 **任务描述**

本任务主要介绍晶体管的结构、类型、符号、工作原理、特性和主要参数，以及晶体管的检测与选用方法。

任务分析

晶体管是最常用的半导体器件。内部有三块半导体两个 PN 结，外部有三个电极，分别称为基极、发射极和集电极，常用晶体管的外形如图 1-35 所示。晶体管常用作放大、开关等。晶体管的识别、选用与检测方法是实际工作中一项必须具备的基本技能，是本任务的重点。

相关知识

1. 晶体管的结构、符号和分类

图 1-35　常用晶体管的外形

（1）晶体管的结构、类型及符号　晶体管是一个三层两结的半导体器件，外部有三个电极，内部由三块杂质半导体形成的两个 PN 结组成。对应的三块半导体分别为发射区、基区和集电区，从三块半导体引出的三个电极分别为发射极、基极和集电极，分别用符号 E、B、C 表示。发射区与基区之间的 PN 结称为发射结，集电区与基区之间的 PN 结称为集电极结。因杂质半导体仅有 P 型和 N 型两种，所以晶体管只有 NPN 型和 PNP 型两种。其结构与图形符号如图 1-36 所示。晶体管的文字符号用 V 表示，发射极的箭头方向表示发射结正向偏置时发射极电流的方向，箭头朝外的是 NPN 型晶体管，箭头朝里的是 PNP 型晶体管。虽然发射区和集电区半导体类型一样，但是由于它们的掺杂浓度不同，几何结构不对称，所以晶体管的发射极与集电极不能互换使用。

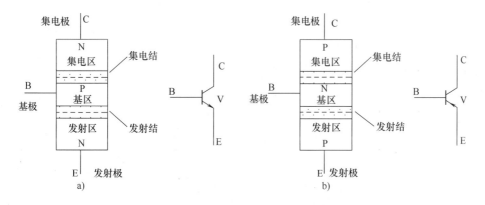

图 1-36　晶体管结构与图形符号

a）NPN 型晶体管　b）PNP 型晶体管

（2）晶体管的分类　晶体管制造时根据使用的半导体材料不同，分为锗管和硅管两大类，目前国内生产的硅管多为 NPN 型（3D 系列），锗管多为 PNP 型（3A 系列）；按工作频率特性分，有高频管和低频管、开关管；按功率大小分，有大功率晶体管、中功率晶体管和小功率晶体管；按封装形式分，有金属封装和塑料封装等。实际应用中采用 NPN 型晶体管较多。

2. 晶体管的电流分配和放大作用

（1）晶体管的工作电压 晶体管具有电流放大的作用。要实现电流放大就必须满足一定的外部条件，即发射结外加正向电压（又称为正向偏置），集电结外加反向电压（又称为反向偏置）。由于 NPN 型和 PNP 型晶体管极性不同，所以外加电压的极性也不同，如图 1-37 所示。图中基极电源 U_{BB} 为晶体管发射结提供正向偏置电压，集电极电源 U_{CC} 为晶体管集电结提供反向偏置电压。即对于 NPN 型晶体管，E、B、C 三个电极的电位必须符合 $U_C > U_B > U_E$；对于 PNP 型晶体管，三个电极的电位必须符合 $U_C < U_B < U_E$。

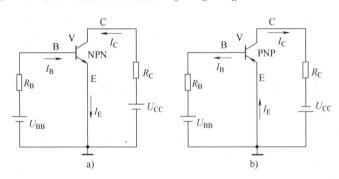

图 1-37 晶体管的工作电压

a）NPN 型晶体管 b）PNP 型晶体管

（2）晶体管电流分配和放大作用 晶体管的基极电流对集电极电流的控制作用称为电流放大作用。为了定量地了解晶体管的电流分配关系和放大原理，先做一个实验，实验电路如图 1-38 所示。

通过调节可调电阻器 R_B 的阻值，可调节基极的偏置电压，从而调节基极电流 I_B 的大小。每取一个 I_B 值，从毫安表可读取集电极电流 I_C 和发射极电流 I_E 的相应值，实验数据见表 1-17。

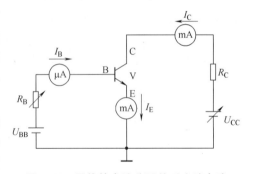

图 1-38 晶体管电流分配关系实验电路

表 1-17 晶体管各极电流实验数据

次 数 项 目	1	2	3	4	5	6
I_B/mA	0	0.01	0.02	0.03	0.04	0.05
I_C/mA	0.01	0.56	1.14	1.74	2.33	2.91
I_E/mA	0.01	0.57	1.16	1.77	2.37	2.96

将表中数据进行比较分析，可得出如下结论：

1）三个电流之间的关系符合基尔霍夫电流定律，即

$$I_E = I_C + I_B \tag{1-14}$$

2）I_B 很小，$I_C \approx I_E$。I_B 虽很小，但对 I_C 有很强的控制作用，I_C 随 I_B 的变化而变化。例

如，I_B 由 0.03mA 增加到 0.04mA，I_C 从 1.74mA 增加到 2.33mA，则

$$\beta = \frac{\Delta I_C}{\Delta I_B} = \frac{2.33 - 1.74}{0.04 - 0.03} = 59 \qquad (1-15)$$

式中，β 称为晶体管电流放大系数。它反映晶体管电流放大的能力，即基极电流 I_B 对集电极电流 I_C 的控制能力，这种电流控制能力称为电流放大作用。

3. 晶体管的特性及主要参数

（1）晶体管的特性　晶体管的特性曲线全面反映各电极电压与电流之间的关系，可通过实验测试，测试电路如图 1-39 所示。

1）输入特性。在晶体管 U_{CE} 一定的条件下，基极电流 I_B 与加在晶体管基极与发射极之间的电压 U_{BE} 的关系称为输入特性，如图 1-40 所示。

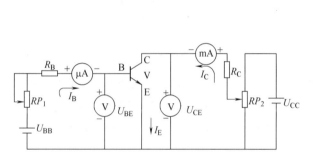

图 1-39　晶体管的特性测试电路

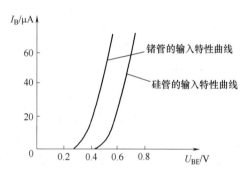

图 1-40　晶体管的输入特性曲线

测量输入特性时，先固定 $U_{CE} \geq 0$，调节 RP_1，测量出相应的 I_B 和 U_{BE} 值，便可得到一条输入特性曲线。晶体管的输入特性曲线与二极管的正向特性曲线相似，只有当发射结的正向电压 U_{BE} 大于死区电压（硅管 0.5V，锗管 0.1V）时，才产生基极电流 I_B，晶体管才会导通。当晶体管工作在放大状态时，发射结两端的电压为常数，硅管为 0.7V，锗管为 0.3V。

2）输出特性。在 I_B 一定的条件下，晶体管集电极电流 I_C 与集电极、发射极间电压 U_{CE} 之间的关系称为输出特性，如图 1-41 所示。

在晶体管的特性曲线测试电路中，先调节 RP_1 为一定值，例如 $I_B = 40\mu A$，然后调节 RP_2 使 U_{CE} 由零开始逐渐增大，就可做出 $I_B = 40\mu A$ 时的输出特性。同样做法，把 I_B 调到 0μA、20μA、60μA 等，就得到如图 1-41 所示的一簇输出特性曲线。

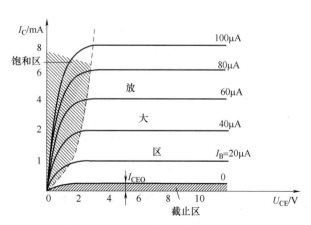

图 1-41　晶体管的输出特性曲线

晶体管的输出特性可分为三个区域，即截止区、放大区和饱和区，不同的区域对应着晶体管不同的工作状态，见表 1-18。

表 1-18 输出特性曲线的三个区域

名称	截 止 区	放 大 区	饱 和 区
范围	$I_B = 0$ 曲线以下区域，几乎与横轴重合	平坦部分线性区，几乎与横轴平行	曲线上升和弯曲部分
条件	发射结反偏（或零偏），集电结反偏。即对于 NPN 型晶体管 $U_B \leqslant U_E$，PNP 型晶体管则相反	发射结正偏，集电结反偏。即对于 NPN 型晶体管 $U_C > U_B > U_E$，PNP 型晶体管则与之相反	发射结正偏，集电结正偏（或零偏）。即对于 NPN 型晶体管 $U_C \leqslant U_B$，PNP 型晶体管则与之相反
特征	$I_B = 0$，$I_C = I_{CEO} \approx 0$	1. 当 I_B 一定时，I_C 的大小与 U_{CE} 基本无关，具有恒流特性 2. I_B 对 I_C 有很强的控制作用，即 $\Delta I_C = \beta \Delta I_B$，具有电流放大作用	1. 各电极电流都很大，I_C 为一常数，且不受 I_B 控制，晶体管失去放大作用 2. $U_{CE} = U_{CES}$ 为一常数，小功率硅管为 0.3V，锗管为 0.1V
工作状态	截止状态，C、E 间相当于开关断开	放大状态	饱和状态，C、E 间相当于开关闭合，无放大作用

综上所述，晶体管工作在放大区，具有电流放大作用，常用来构成各种放大电路；晶体管工作在截止区和饱和区，相当于开关的断开和闭合，常用于开关控制和数字电路。

（2）晶体管的主要参数　晶体管的参数反映了晶体管的性能和安全应用范围，是正确选择和使用晶体管的依据。晶体管的主要参数见表 1-19。

表 1-19 晶体管的主要参数

类型	参数	符号	说明	选用
电流放大系数	共射极直流电流放大系数	$\bar{\beta}$	晶体管集电极电流与基极电流的比值，即 $\bar{\beta} = I_C/I_B$，反映晶体管的直流电流放大能力	同一个晶体管，在相同的工作条件下 $\bar{\beta} \approx \beta$，应用中不再区分，均用 β 来表示。选管时，β 值应恰当，β 太小，放大作用差；β 太大，性能不稳定，通常选用 β 为 30~100 的晶体管
	共射极交流电流放大系数	β	晶体管集电极电流的变化量与基极电流的变化量之比，即 $\beta = \Delta I_C/\Delta I_B$，反映晶体管的交流电流放大能力	
极间反向电流	集电极-基极间的反向饱和电流	I_{CBO}	发射极开路时，C-B 极间的反向饱和电流	I_{CBO} 越小，晶体管的温度稳定性越好
	集电极-发射极间反向饱和电流	I_{CEO}	基极开路时（$I_B = 0$），C-E 极间的反向饱和电流。好像是从集电极直接穿透晶体管到达发射极的电流，故又叫作"穿透电流"	$I_{CEO} = (1+\beta) I_{CBO}$，反映了晶体管的温度稳定性。选晶体管时，$I_{CEO}$ 越小，其受温度影响越小，工作越稳定
极限参数	集电极最大允许电流	I_{CM}	集电极电流过大时，晶体管的 β 值要降低，一般规定 β 值下降到正常值的 2/3 时的集电极电流为集电极最大允许电流	使用时一般 $I_C < I_{CM}$，否则晶体管易烧毁。选晶体管时，$I_{CM} \geqslant I_C$
	集电极-发射极间的反向击穿电压	$U_{(BR)CEO}$	基极开路时，加在 C 与 E 极间的最大允许电压	使用时，一般 $U_{CE} < U_{(BR)CEO}$，否则易造成晶体管击穿。选晶体管时，$U_{(BR)CEO} \geqslant U_{CE}$

（续）

类型	参　数	符号	说　　　明	选　用
极限参数	集电极最大允许耗散功率	P_{CM}	集电极消耗功率的最大限额 P_{CM} 的大小与环境温度有密切关系，温度升高，P_{CM} 减小。对于大功率晶体管，使用时应在晶体管上加装规定大小的散热器或散热片，以降低其温度	工作时，$I_C U_{CE} < P_{CM}$，否则晶体管会因过热而损坏。选晶体管时，$P_{CM} \geq I_C U_{CE}$

（3）晶体管的选用与代换

1）晶体管的选用。为了保证晶体管在使用中的安全，不至于因过电流、过电压、过热而造成损坏，所以必须正确合理地选择晶体管。晶体管选择时，必须考虑穿透电流、电流放大系数、集电极耗散功率、最大反向击穿电压等参数不能超过规定的最大额定值。其中，电流放大系数选用30~100，反向击穿电压应大于电源电压2倍，集电极耗散功率应根据不同电路进行合理地选择。

2）晶体管的代换。代换时一般应采用同型号的晶体管，没有同型号的晶体管时，可查手册选用类型相同、特性相近的晶体管代换（新晶体管的极限参数应大于或等于原晶体管的极限参数）。

📝 任务准备

准备万用表一只，各种好、坏半导体晶体管若干。

✔ 任务实施

1. 晶体管的识别与检测

（1）晶体管引脚的识别　晶体管的引脚排列是有规律的，一般在其外壳上标有标志，如图1-42所示。使用时可根据外壳上的标志进行识别。

9012、9013、9014、9015、9018系列小功率晶体管，把显示文字平面朝自己，引脚朝下放置，则从左向右依次为E、B、C；对于中小功率塑料封装晶体管，使其平面朝自己，引脚朝下放置，则从左向右依次为E、B、C；大功率晶体管使其引脚朝上，较大平面部分朝下，则左侧引脚为基极B，右侧引脚为发射极E，外壳则为集电极C。

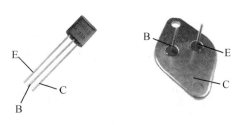

图1-42　常用晶体管引脚排列

（2）用万用表检测晶体管

1）晶体管引脚的检测。当前，国内各种晶体管有很多种，引脚排列也不相同，使用中不能确定引脚排列的晶体管，可利用万用表进行测量确定各引脚。其测量方法为：

①确定基极与管型。测量时首先假设一个电极为基极，然后判断基极，如图1-43所示。

说明：假设的基极是正确的，则每次测得阻值都是一大一小，若假设错误，需重新假设

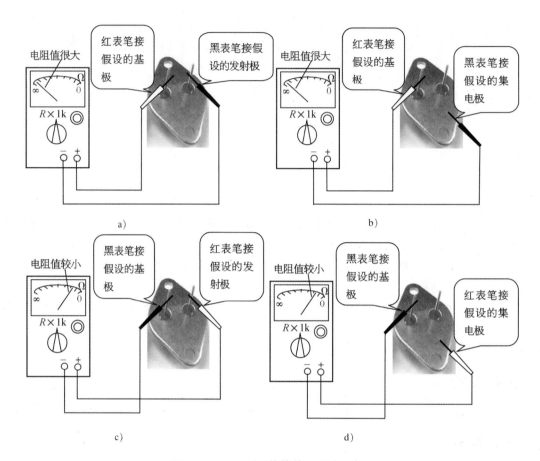

图 1-43　NPN 型晶体管基极测试示意图

重新测量。

以测得的阻值都很小的一次为准，若黑表笔接的是基极，则该管是 NPN 型晶体管，如图 1-43 所示；否则，该管就是 PNP 型晶体管，如图 1-44 所示。

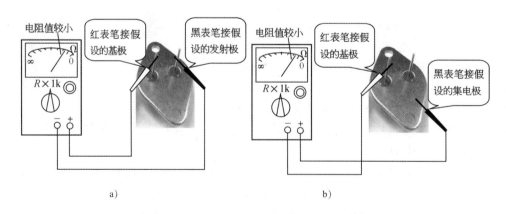

图 1-44　PNP 型晶体管基极测试示意图

② 确定集电极与发射极。集电极与发射极的检测方法如图 1-45 和图 1-46 所示。假设

剩下的两个引脚其中之一为集电极，用手把基极与假设的集电极一起捏住（注意两引脚不能直接接触）。若为 NPN 型晶体管，当红表笔接假设的集电极，黑表笔接假设的发射极时，万用表指针摆动较小，测得电阻很大；相反，当黑表笔接假设的集电极，红表笔接假设的发射极时，万用表指针摆动较大，测得电阻较小，说明假设是正确的。反之是错误的。若为 PNP 型晶体管，则将红表笔接假设的集电极，黑表笔接假设的发射极，若指针摆动较大，测得电阻较小，说明假设是正确的；否则是错误的。

集电极确定后，剩下的一个引脚就是发射极。

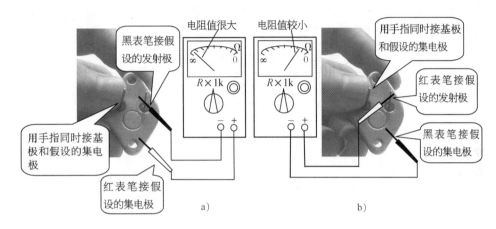

图 1-45　NPN 型晶体管集电极与发射极的检测

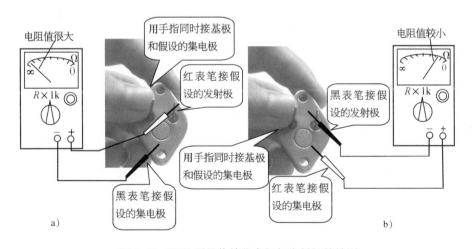

图 1-46　PNP 型晶体管集电极与发射极的检测

2）晶体管质量的检测。晶体管质量的检测，可通过测量晶体管极间电阻的方法进行，当测得正向电阻近似无限大时，表明其内部开路，测得反向电阻很小时，说明晶体管已击穿或短路，正、反向电阻相差越大越好。

NPN 型晶体管，当黑表笔接集电极，红表笔接发射极时，所测得的电阻越大，说明穿透电流越小，质量越好；PNP 型晶体管，当红表笔接集电极，黑表笔接发射极时，所测得的电阻越大，说明穿透电流越小，质量越好。

在测量晶体管极间电阻时，要注意万用表的量程选择，否则将产生误判或损坏晶体管。测量小功率晶体管时，应选 $R \times 1k$ 或 $R \times 100$ 挡；测量大功率晶体管时，应选 $R \times 1$ 或 $R \times 10$ 挡。

2. 分组用万用表检测晶体管

（1）晶体管引脚的检测　用万用表测量晶体管各电极间正、反向电阻值来确定晶体管的基极、发射极和集电极，将结果填入表1-20。

（2）晶体管质量的检测　用万用表测量晶体管各电极间正、反向电阻值，对正、反向电阻值进行比较，判断晶体管的好坏，找出损坏的原因，填入表1-20。

表 1-20　晶体管正、反向电阻值

晶体管型号	正向电阻值/kΩ		反向电阻值/kΩ		质量	损 坏 原 因
	发射结	集电结	发射结	集电结		
3DG6						
3DG12						
3AX31A						
3DD3A						
3AA7						
9012						
9013						

✍ 检查评议

评分标准见表1-21。

表 1-21　评分标准

序号	项 目 内 容	评 分 标 准	配分	扣分	得分
1	学习态度	1. 对学习不感兴趣，扣5分 2. 观察不认真，扣5分	10分		
2	协作精神	协作意识不强，扣10分	10分		
3	晶体管的识别与检测	1. 不会检测引脚，扣20分 2. 不会判断晶体管好坏，扣20分	40分		
4	万用表的使用	1. 不会读数，扣10分 2. 万用表使用不正确，扣10分	20分		
5	安全文明操作	1. 不爱护仪器设备，扣10分 2. 不注意安全，扣10分	20分		
6	合计		100分		
7	时间	45min			

注意事项

1）在测量晶体管极间电阻时，要注意万用表的量程选择，否则将产生误判或损坏晶体管。测量小功率晶体管时，应选 $R \times 1\text{k}$ 或 $R \times 100$ 挡；测量大功率晶体管时，应选 $R \times 1$ 或 $R \times 10$ 挡。

2）确定集电极与发射极的测量过程中，基极与集电极不能直接相连，以免引起误判。

知识扩展

1. 晶体管的型号命名方法

按国家标准 GB/T 249—2017《半导体分立器件型号命名方法》的规定，晶体管的型号命名由五部分组成，型号组成部分的符号与意义见表 1-22。

表 1-22　型号组成部分的符号及意义

第一部分（数字）		第二部分（拼音）		第三部分（拼音）		第四部分（数字）	第五部分（拼音）
表示器件电极数		表示器件的材料和极性		表示器件的类型		表示器件的序号	表示器件的规格号
符号	意义	符号	意义	符号	意义		
3	晶体管	A	PNP 型，锗材料	X	低频小功率晶体管	登记顺序号	规格号
		B	NPN 型，锗材料	G	高频小功率晶体管		
		C	PNP 型，硅材料	D	低频大功率晶体管		
		D	NPN 型，硅材料	A	高频大功率晶体管		
		E	化合物或合金材料	K	开关管		

2. 常用晶体管的参数（见表 1-23）

表 1-23　常用晶体管的参数

型号	极性	P_{CM} /mW	I_{CM} /mA	$U_{(BR)CEO}$ /V	h_{FE}	f_T /mHz	说　明
3DG6	NPN（硅）	100	20	15	10～200	≥100	高频管
3DG12	NPN（硅）	700	300	15	20～200	≥100	高频管
3DD3A	NPN（硅）	5000	8000	20	≥10	≥100	低频管
3AA7	PNP（锗）	500（加散热片）	500	35	≥30	≥140	低频管
9011	NPN（硅）	300	300	≥30	54～198	150	塑封
9012	PNP（硅）	625	500	≥20	64～202	150	塑封
9013	NPN（硅）	625	500	≥20	64～202	150	塑封
9014	NPN（硅）	450	100	≥45	60～1000	150	塑封

🔍 考证要点

> **知识点：** 晶体管是一个电流控制器件，$I_C = \beta I_B$，具有电流放大的作用。实现电流放大作用的条件为：必须在其发射结上加正向偏置电压，在集电结上加反向偏置电压。对于 NPN 型晶体管，C、B、E 三个电极的电位必须符合 $U_C > U_B > U_E$；对于 PNP 型晶体管，电源的极性与 NPN 型相反，应符合 $U_C < U_B < U_E$。

试题精选：

（1）当晶体管的发射结（正向）偏置，集电结（反向）偏置时，晶体管有放大作用。

（2）晶体管的电流放大系数是表示（I_B）对（I_C）的控制能力。

（3）高频大功率晶体管（NPN 型硅材料）管用（ C ）表示。

A. 3DD   B. 3AD   C. 3DA   D. 3CT

（4）晶体管是一种（ B ）的半导体器件。

A. 电流放大   B. 电流控制

C. 既是电压又是电流控制   D. 功率控制

（5）PNP 晶体管工作在放大区其集电极电位（ C ）。

A. 最高   B. 居中   C. 最低   D. 不定

【练习题】

1. 填空题

（1）晶体管的输出特性有截止区、（ ）和（ ）。

（2）晶体管的三个极分别是基极、（ ）和（ ）。

（3）晶体管有（ ）型、（ ）型。

（4）晶体管的电流放大是指（ ）电流对（ ）电流的控制能力。

（5）晶体管工作在截止区的条件是发射结（ ），集电结（ ）。

（6）晶体管工作在饱和区的条件是发射结（ ），集电结（ ）。

（7）晶体管工作在饱和区相当于开关（ ），没有（ ）作用。

（8）晶体管工作在截止区相当于开关（ ），没有（ ）作用。

2. 判断题

（1）晶体管有两个 PN 结，因此它具有单向导电性。（ ）

（2）晶体管的集电极和发射极可以互换使用。（ ）

（3）NPN 型晶体管和 PNP 型晶体管可以互换使用。（ ）

（4）NPN 型晶体管和 PNP 型晶体管的工作电压极性相同。（ ）

（5）当晶体管的发射结正向偏置，集电结反向偏置时，晶体管有电流放大作用。（ ）

（6）晶体管工作在放大区时其基极电流可以无限增加。（ ）

（7）晶体管集电极电流与集电极、发射极间的电压无关。（ ）

（8）晶体管集电极电流可以无限增加。（ ）

（9）晶体管的电流放大系数越大越好。（ ）

（10）晶体管有电压放大作用，可以实现电压放大。（ ）

3. 选择题

（1）NPN 型硅晶体管工作在放大区其发射结电压为（   ）。

A. 0.7V   B. 0.5V   C. 0.3V   D. 1V

（2）NPN 型硅晶体管工作在放大区其集电极电位（   ）。

A. 最高   B. 居中   C. 最低   D. 不定

（3）NPN 型硅晶体管工作在饱和区其集电极电位（   ）。

A. 高于基极电位   B. 低于基极电位

C. 等于基极电位   D. 不定

（4）集电极最大允许电流 I_{CM} 一般规定为 β 值下降到正常值的（   ）时的集电极电流。

A. 3/4   B. 1/2   C. 1/3   D. 2/3

（5）P_{CM} 的大小与环境温度有密切关系，温度升高 P_{CM}（   ）。

A. 增大   B. 减小

C. 与温度成正比变化   D. 与温度成反比变化

（6）晶体管工作在饱和区相当于（   ）。

A. 一个放大元件   B. 一个断开的开关

C. 一个电阻   D. 一个闭合的开关

（7）晶体管三个电极的电流关系是（   ）。

A. $I_E = I_B + I_C$ B. $I_E = I_B - I_C$

C. $I_C = I_E + I_B$ D. $I_B = I_C + I_E$

（8）晶体管的集电极和发射极互换使用后其电路放大系数（   ）。

A. 很大   B. 不变   C. 不定   D. 很小

4. 简答题

（1）晶体管是由两个 PN 结组成的，是否可以由两个二极管连接组成一个晶体管使用？

（2）电路中接有一个晶体管，不知其型号，测出它的三个引脚的电位分别为 10.5V、6V、6.7V，试判别其三个电极，并说明这个晶体管是哪种类型的，是硅管还是锗管。

（3）有两个晶体管，第一个晶体管的 $\beta = 50$，$I_{CEO} = 10\mu A$；第二个晶体管的 $\beta = 150$，$I_{CEO} = 200\mu A$，其他参数相同，用作放大时，哪一个晶体管更合适？

任务6　串联型稳压电路的装配与调试

任务描述

本任务是通过装配并调试一个输出电压稳定，并能在一定范围内连续可调，输出电流能达到 50mA 的串联型稳压电路，使学生掌握串联型稳压电路的组成、工作原理及简单计算、电路的装配与调试方法。

任务分析

本任务要求根据电路原理图，按工艺要求装配与调试电路，通过调节取样电位器 RP_1，能使输出电压在一定范围内连续可调，调节负载电阻 RP_2 能使输出电流达到 50mA，并能独立排除调试过程中出现的故障。其电路原理图如图 1-47 所示。

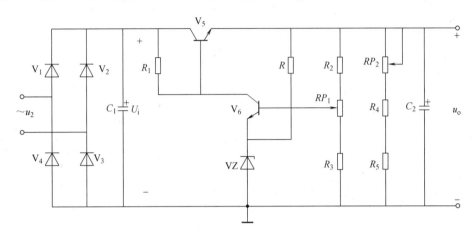

图 1-47　串联型稳压电源电路原理图

📖 相关知识

1. 稳压二极管及主要参数

（1）稳压二极管　稳压二极管是采用硅半导体材料通过特殊工艺制造的，专门工作在反向击穿区的一个平面型二极管。由于能稳压，所以称为稳压二极管。其伏安特性和图形符号如图 1-48 所示。

由伏安特性可知，当稳压二极管工作在反向击穿区时，由于反向特性曲线很陡，反向电流在很大范围变化时，其两端电压却基本保持不变，能起到稳压作用。但是，外电路必须有很好的限流措施，保证稳压二极管击穿后通过的电流不超过最大的稳定电流，否则稳压二极管会因过热而损坏。

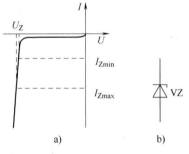

图 1-48　稳压二极管的伏安
特性和图形符号
a）伏安特性　b）图形符号

（2）稳压二极管的主要参数

1）稳定电压 U_Z。稳压二极管的反向击穿电压称为稳定电压，它是稳压二极管正常工作时两端的电压。

2）稳定电流 I_Z。稳压二极管能稳压的最小电流。

3）最大耗散功率 P_{ZM} 和最大稳定电流 I_{ZM}。P_{ZM} 和 I_{ZM} 是为了保证晶体管不被热击穿而规定的极限参数，由晶体管允许的最高结温决定，即 $P_{ZM} = U_Z I_{ZM}$。

4）动态电阻 r_Z。动态电阻是稳压范围内电压变化量与相应的电流变化量之比，即 $r_Z = \Delta U_Z / \Delta I_Z$，该值越小越好。

2. 并联型稳压电路

并联型稳压电路（又称为稳压二极管稳压电路）如图 1-49 所示。它由稳压二极管 VZ

和限流电阻 R_1 组成。U_i 是稳压电路的输入电压，稳压电路的输出电压就是稳压二极管的稳定电压，即 $U_o = U_Z$。

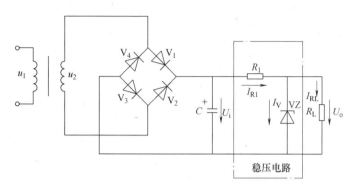

图 1-49 并联型稳压电路

稳压过程如下：

  若电网电压 $\uparrow \rightarrow U_i \uparrow \rightarrow U_o \uparrow \rightarrow I_V \uparrow \rightarrow I_{R1} \uparrow \rightarrow U_{R1} \uparrow$ ───┐

                 $U_o \downarrow$ ◄───────────────────┘

结果使输出电压基本稳定。

  若负载电阻 $R_L \downarrow \rightarrow U_o \downarrow \rightarrow I_V \downarrow \rightarrow I_{R1} \downarrow \rightarrow U_{R1} \downarrow$ ───┐

                 $U_o \uparrow$ ◄───────────────────┘

结果也使输出电压基本稳定。

    上述过程说明稳压二极管起到了稳压作用，同时可以看到，电阻 R_1 在稳压过程中既起到了限流作用又起到了电压的调整作用，只有稳压二极管的稳压作用与 R_1 的调压作用相配合，才能使稳压电路具有良好的稳压效果。

    并联型稳压电路可以使输出电压稳定，但稳压值不能随意调节，而且输出电流很小，一般只有 20~40mA。为了加大输出电流，并使输出电压可调节，常使用串联型稳压电路。

3. 并联型稳压电源的应用

    并联型稳压电源适用于输出电压固定、输出电流不大，且负载变动不大的场合。

4. 串联型稳压电路

    （1）串联型稳压电路的组成　串联型稳压电路框图如图 1-50 所示。它由电压调整环节（又称为调整管）、比较放大电路、基准电路、取样电路等部分组成。由于调整管与负载串联，故称为串联型稳压电路。图 1-51 所示为串联型稳压电路原理图，图中 V_1 为调整管，它工作在线性放大区，故又称为线性稳压电源。一般 U_i 要比 U_o 大 3~8V，才能保证调整管 V_1 工作在线性区。R 和稳压二极管 VZ 组成基准电路提供基准电压 U_Z；R_1 和 V_2 组成比较放大电路；R_2、RP 和 R_3 组成取样电路，R_L 为负载电阻。

    （2）串联型稳压电路的稳压原理　$U_o = U_i - U_{CE1}$，当 U_i 增加或输出电流减小使 U_o 升高时：

$U_o \uparrow \rightarrow U_{B2} \uparrow \rightarrow U_{BE2} \uparrow$（$U_{BE2} = U_{B2} - U_Z$）$\rightarrow I_{B2} \uparrow \rightarrow I_{C2} \uparrow \rightarrow U_{C2}$（$U_{B1}$）$\downarrow \rightarrow I_{C1} \downarrow \rightarrow U_{CE1} \uparrow \rightarrow$ $U_o \downarrow$，使输出电压基本保持不变。

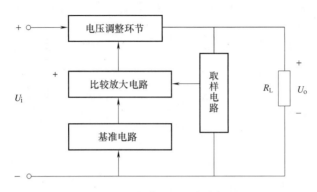

图 1-50　串联型稳压电路框图

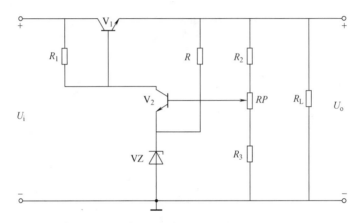

图 1-51　串联型稳压电路原理图

当 U_i 减小或输出电流增大使 U_o 降低时：

$U_o \downarrow \to U_{B2} \downarrow \to U_{BE2} \downarrow \to I_{B2} \downarrow \to I_{C2} \downarrow \to U_{C2}$（$U_{B1}$）$\uparrow \to I_{C1} \uparrow \to U_{CE1} \downarrow \to U_o \uparrow$，使输出电压基本保持不变。

（3）串联型稳压电路输出电压计算　由图 1-51 所示电路原理图可知，即

$$U_{B2} = \frac{RP_{(\text{下})} + R_3}{R_2 + RP + R_3} U_o = (U_Z + U_{BE2})$$

式中，$RP_{(\text{下})}$ 为电位器 RP 滑动触头下方的电阻。

因 $U_{BE2} \ll U_Z$，所示忽略 U_{BE2} 可得

$$U_o = \frac{R_2 + RP + R_3}{RP_{(\text{下})} + R_3}(U_Z + U_{BE2}) \approx \frac{R_2 + RP + R_3}{RP_{(\text{下})} + R_3} U_Z \qquad (1\text{-}16)$$

从式（1-16）可以看出，输出电压 U_o 取决于取样电路的分压比和基准电压值，而与输入电压、负载大小无关，通过调节电位器 RP，改变取样电路的分压比就可改变输出电压的大小，即输出电压可以在一定范围内连续调节。

📝 任务准备

准备所需仪表、工具：常用电子组装工具一套、双通道示波器一台、万用表一只。所需

电子元器件及材料见表 1-24。

表 1-24　电子元器件及材料

代　号	名　称	规　格	代　号	名　称	规　格
R_1	碳膜电阻器	1kΩ	V_1	整流二极管	1N4001
R_2	碳膜电阻器	100Ω	V_2	整流二极管	1N4001
R_3	碳膜电阻器	560Ω	V_5	晶体管	9013
R_4	碳膜电阻器	51Ω	V_6	晶体管	9014
R_5	碳膜电阻器	100Ω	VZ	稳压二极管	2CW56（7.8V）
R	碳膜电阻器	1kΩ	V_4	整流二极管	1N4001
RP_1	电位器	470Ω		万能电路板	
RP_2	电位器	1kΩ		φ0.8mm 镀锡铜丝	
C_1	电解电容器	470μF/50V		焊料、助焊剂	
C_2	电解电容器	220μF/50V		带插头电源线	

✔ 任务实施

1. 检测与筛选元器件

对电路中使用的元器件进行检测与筛选。

2. 装配电路

按照电路原理图装配电路，装配工艺要求为：

1）电阻器、二极管均采用水平安装，要求贴紧电路板，电阻器的色环方向应一致，二极管的标志方向应正确。

2）电解电容器采用垂直安装，电容器底部应贴近电路板，并注意正、负极性应正确。

3）晶体管采用垂直安装，晶体管底部离开电路板 5mm，注意引脚应正确。

4）微调电位器贴紧电路板安装，不能歪斜。

5）布线正确，焊点合格，无漏焊、虚焊、短路现象。

3. 自检

装配完成后应首先进行自检，正确无误后才能进行调试。

（1）焊接检查　焊接结束后，首先检查电路有无漏焊、错焊、虚焊等问题。检查时可用尖嘴钳或镊子将每个元器件拉一拉，看有无松动，如果发现有松动现象，应重新焊接。

（2）元器件检查　检查晶体管引脚之间有无短路，引脚有无接错，稳压二极管极性有无接反，滤波电容极性有无接反等问题。

（3）输入交流电源检查　检查输入交流电源有无短路，用万用表交流电压挡测量电源变压器二次输出电压是否符合要求。

短路检查时，可借助指针式万用表"$R \times 1$"挡或数字式万用表"Ω"挡的蜂鸣器来测量。测量时应直接测量元器件引脚，这样可以同时发现接触不良的地方。

4. 电路调试

（1）整流滤波电路调试　将可调工频电源调至14V，作为整流电路输入电压U_2。

1）取$R_L = 240\Omega$，不加滤波电容，测量直流输出电压U_L，并用示波器观察U_2和U_i波形，记入表1-25。

2）取$R_L = 240\Omega$，$C = 470\mu F$，并重复1）的要求，记入表1-25。

3）取$R_L = 120\Omega$，$C = 470\mu F$，并重复1）的要求，记入表1-25。

（2）串联型稳压电源性能调试

1）初调。稳压电源输出端负载开路，接通14V工频电源，测量整流电路输入电压U_2，滤波电路输出电压U_i（稳压电路输入电压）及稳压电源输出电压U_o。调节电位器RP_1，观察U_o的大小和变化情况，如果U_o能跟随RP_1线性变化，这说明稳压电路各反馈环节工作基本正常；否则，说明稳压电路有故障，应进行排查。排除故障后就可以进行下一步调试。

表1-25　波形记录

电路形式	U_2/V	U_L/V	U_2波形	U_i波形
$R_L = 240\Omega$				
$R_L = 240\Omega$ $C = 470\mu F$				
$R_L = 120\Omega$ $C = 470\mu F$				

2）测量输出电压可调范围。调节滑动变阻器RP_2，使输出电流$I_o = 50mA$，再调节电位器RP_1，测量输出电压可调范围$U_{omin} \sim U_{omax}$，且使RP_1动点在中间位置附近时$U_o = 12V$。若不满足要求，可适当调整R_4、R_5。将测量值填入表1-26。

表1-26　电压测量记录

整流输入电压/V	整流滤波输出电压/V	基准电压/V	稳压输出电压/V	
			最小值	最大值
14				

3）测量各级静态工作点。调节输出电压 $U_o = 12V$，输出电流 $I_o = 50mA$，测量各级静态工作点，记入表1-27。

表1-27 静态工作点记录

	V_5	V_6
U_B/V		
U_C/V		
U_E/V		

✍ 检查评议

评分标准见表1-28。

表1-28 评分标准

序号	项目内容	评分标准	配分	扣分	得分
1	元器件安装	1. 元器件不按规定方式安装，扣10分 2. 元器件极性安装错误，扣10分 3. 布线不合理，扣10分	30分		
2	焊接	1. 焊点有一处不合格，扣1分 2. 剪脚留头长度有一处不合格，扣1分	20分		
3	测试	1. 关键点电位不正常，扣10分 2. 输出直流电压不可调，扣10分 3. 仪器仪表使用错误，扣10分	30分		
4	安全文明操作	1. 不爱护仪器设备，扣10分 2. 不注意安全，扣10分	20分		
5	合计		100分		
6	时间	270min			

💡 注意事项

1）在测量负载电流时要注意万用表的量程选择，否则将损坏万用表。

2）初调过程中，如果 U_o 不能跟随 RP_1 线性变化，这说明稳压电路各反馈环路工作不正常。故障排除的思路：分别检查基准电压 U_Z、输出电压 U_o，以及比较放大器和调整管各极的电位，分析它们的工作状态是否都处在线性区，从而找出不正常工作的原因。

☝ 知识扩展

常用稳压二极管的主要参数见表1-29。

表 1-29 常用稳压二极管的主要参数

型 号	稳定电压 U_Z/V	稳定电流 I_Z/mA	最大稳定电流 I_{ZM}/mA	最大耗散功率 P_{ZM}/W	动态电阻 r_Z/Ω	温度系数 C_{TV}/℃$^{-1}$
2CW52	3.2~4.5	10	55	0.25	<70	−0.08%
2CW57	8.5~9.5	5	26	0.25	<20	+0.08%
2CW23A	17~22	4	9	0.2	<80	≤0.08%
2CW21A	4~5.5	30	220	1	<40	−0.0~+0.04
2CW15	7~8.5	10	29	250	≤10	+0.07%
2DW230	5.8~6.6	10	30	<0.20	<25	±0.005%

🔍 考证要点

> **知识点：**稳压二极管是一个专门工作在反向击穿区的平面型二极管，由击穿到稳压，外电路必须有很好的限流措施，防止稳压二极管因过电流而损坏。并联型稳压电路是利用限流电阻与稳压二极管共同作用实现稳压的，且两者缺一不可。电路的输出电压就是稳压二极管的稳定电压，调整不方便。串联型稳压电路由调整环节、比较放大电路、基准电路和取样电路四部分组成，其输出电压可在最小值 U_{min} 和最大值 U_{max} 之间调节。其中，
>
> $$U_{max} = \frac{R_2 + RP + R_3}{R_3} U_Z, U_{min} = \frac{R_2 + RP + R_3}{RP + R_3} U_Z$$

试题精选：

（1）硅稳压二极管与一般二极管不同的是，稳压二极管工作在（ B ）。

A. 击穿区　　　　B. 反向击穿区　　　C. 导通区　　　　D. 反向导通区

（2）稳压二极管虽然工作在反向击穿区，但只要（ D ）不超过允许值，PN 结不会因过热而损坏。

A. 电压　　　　　B. 反向电压　　　　C. 电流　　　　　D. 反向电流

（3）常用的稳压电路有（ D ）等。

A. 稳压二极管并联型稳压电路　　　　B. 串联型稳压电路

C. 开关型稳压电路　　　　　　　　　D. 以上都是

（4）串联型稳压电源输出电压（ A ）。

A. 可调　　　　　　　　　　　　　　B. 固定

C. 由输入电压决定　　　　　　　　　D. 由电源电压决定

【练习题】

1. 填空题

（1）常用的稳压电源有（　　）、（　　）、开关型等几种。

（2）并联型稳压电源具有带（　　）能力差及输出电压（　　）的特点。

（3）带放大环节的串联稳压电路包括（　　）、（　　）、基准电路和调整管等几部分。

（4）串联型稳压电源具有带（　　）能力强，输出电压（　　）的特点。

（5）串联型稳压电源输出电压取决于（　　）和取样电路的（　　）。

（6）串联型稳压电源是因为（　　）元件与负载（　　）。

（7）串联型稳压电源的输出电压可在（　　）和（　　）之间调节。

（8）串联型稳压电源因为（　　）工作在线性区，所以又称为（　　）稳压电源。

（9）串联型稳压电源输出电压的最小值为（　　），最大值为（　　）。

2. 判断题

（1）并联型稳压电源带负载能力强。（　　）

（2）并联型稳压电源输出电压调整方便。（　　）

（3）并联型稳压电源输出电压 U_o 等于稳压二极管的稳定电压 U_Z。（　　）

（4）并联型稳压电源中的输入电压 U_i 应小于稳压二极管的稳定电压 U_Z。（　　）

（5）串联型稳压电源比较放大电路的放大倍数越大稳压效果越好。（　　）

（6）串联型稳压电源输出电压的大小与负载无关。（　　）

（7）串联型稳压电源的输出电阻越小稳压效果越好。（　　）

（8）串联型稳压电源调整管 V_1 应工作在非线性区。（　　）

（9）串联型稳压电源输入电压 U_i 越高，输出电压越大。（　　）

（10）串联型稳压电路中调整管的作用相当于一只可变电阻。（　　）

3. 选择题

（1）并联型稳压电源稳压二极管工作在伏安特性（　　）。

A. 正向特性线性区　　　　　　　　　B. 正向特性死区

C. 反向特性　　　　　　　　　　　　D. 反向特性击穿区

（2）并联型稳压电源输出电压（　　）。

A. 等于输入电压　　　　　　　　　　B. 等于稳压二极管的稳定电压

C. 等于变压器的二次电压　　　　　　D. 等于电源电压

（3）并联型稳压电源输出电压调节（　　）。

A. 不方便　　　　　B. 方便　　　　　C. 一般　　　　　D. 随时

（4）串联型稳压电源带负载能力（　　）。

A. 差　　　　　　　　　　　　　　　B. 强

C. 不如并联型稳压电源　　　　　　　D. 一般

（5）串联型稳压电源比较放大电路中的晶体管工作在（　　）。

A. 截止区　　　　　B. 饱和区　　　　　C. 放大区　　　　　D. 非线性区

（6）串联型稳压电源是一个（　　）。

A. 闭环放大系统　　　　　　　　　　B. 开环系统

C. 非线性电路　　　　　　　　　　　D. 是一个开环系统

（7）串联型稳压电源输出电阻越大（　　）。

A. 稳压效果越好　　　　　　　　　　B. 稳压效果越差

C. 带负载能力越强　　　　　　　　　D. 输出电压越高

（8）串联型稳压电源调整管与负载（　　）。

A. 并联　　　　　B. 串联　　　　　C. 混联　　　　　D. 串并联

（9）串联型稳压电源调整管是一个（　　）。

A. 非线性器件   B. 线性器件

C. 工作在饱和区   D. 截止区

4. 简答题

（1）直流稳压电源主要由哪几部分组成？

（2）串联型稳压电源由哪几部分组成？

5. 计算题

（1）有一串联稳压电路，交流电压 $U_i = 220V$，变压器的电压比 10。求：①整流输出电压 U_L；②若 $U_Z = 6V$，分压比 = 1.2 时，求 U_o。

（2）在串联稳压电路中若要使输出电压 $U_o = 12V$，求输入电压 U_i。

任务7　集成稳压电路的装配与调试

任务描述

本任务主要介绍三端固定输出集成稳压器及三端可调输出集成稳压器及其应用电路，并通过装配与调试一个由集成稳压器 7812 组成的输出电流为 100mA 的串联型稳压电路，使学生掌握电路的装配与调试方法，并能独立排除调试过程中出现的故障。

任务分析

本任务要求根据电路原理图，按工艺要求装配与调试电路，调节负载电阻能使输出电流达到 100mA。其电路原理图如图 1-52 所示，图中所用集成稳压器 7812，它的主要参数有：输出直流电压 $U_o = +12V$，输入电压 U_i 为 15 ~ 17V。一般 U_i 要比 U_o 大 3 ~ 5V，才能保证集成稳压器工作在线性区。

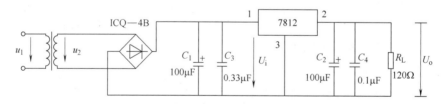

图 1-52　由集成稳压器 7812 构成的串联型稳压电源电路原理图

相关知识

1. 三端集成稳压器

随着集成电路的发展，稳压电路也制成了集成器件。由于集成稳压器具有体积小，外接电路简单、使用方便、工作可靠和通用性强等特点，因此在各种电子设备中应用十分普遍，基本上取代了由分立元件构成的稳压电路。集成稳压器的种类很多，使用时，应根据电子设备对直流电源的要求进行选择。对于大多数电子仪器和设备来说，通常选用串联线性集成稳压器，而在这种类型的器件中，又以三端式稳压器应用最为广泛。

78、79 系列三端式稳压器的输出电压是固定的，在使用中不能进行调整。78 系列三端式稳压器输出正极性电压，一般有 5V、6V、9V、12V、15V、18V、24V 七个档次，输出电流最大可达 1.5A（加散热片）。同类型 78M 系列稳压器的输出电流为 0.5A，78L 系列稳压器的输出电流为 0.1A。79 系列三端式稳压器是输出负极性电压。图 1-53 所示为 78 系列三端式稳压器的外形和符号。它有三个引出端：输入端（不稳定电压输入端），标以"1"；输出端（稳定电压输出端），标以"2"；公共端，标以"3"。

图 1-53　78 系列三端式稳压器的外形及符号

除固定输出三端式稳压器外，还有可调式三端式稳压器，后者可通过外接元件对输出电压进行调整，以适应不同的需求。

2. 三端式稳压器的应用

（1）单电源电压输出稳压电路　图 1-54 所示是用 78 系列三端式稳压器构成的单电源电压输出串联型稳压电源电路。

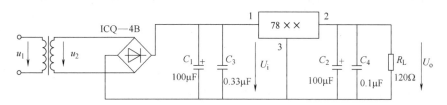

图 1-54　由 78×× 构成的串联型稳压电源电路

其中整流部分采用了由四个二极管组成的桥式整流器（又称为桥堆），型号为 ICQ—4B，内部接线和外部引脚如图 1-55 所示。滤波电容 C_1、C_2 一般选取几百至几千微法。当稳压器距离整流滤波电路比较远时，在输入端必须接入电容 C_3，以抵消电路的电感效应，防止产生自激振荡。输出端电容 C_4 用以滤除输出端的高频信号，改善电路的暂态效应。

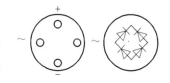

图 1-55　ICQ—4B 引脚

（2）同时输出正、负电压的稳压电路　同时输出正、负电压的稳压电路如图 1-56 所示。

（3）三端集成稳压器输出电压、电流扩展电路　当集成稳压器本身的输出电压或输出电流不能满足要求时，可通过外接电路来进行性能扩展。图 1-57 所示是一种简单的输出电压扩展电路。如 7812 稳压器的 3、2 端间输出电压为 12V，因此只要适当选择 R 的阻值，使稳压二极管 VZ 工作在线性区，则输出电压 $U_o = 12V + U_Z$，可以高于稳压电路的输出电压。

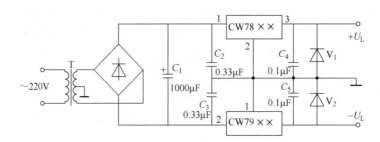

图 1-56　同时输出正、负电压的稳压电路

图 1-58 所示是通过外接晶体管 V 及电阻 R_1 来进行电流扩展的电路。电阻 R_1 的阻值由外接晶体管 V 的发射结导通电压 U_{BE}、三端式稳压器的输入电流 I_i（近似等于三端式稳压器的输出电流 I_{o1}）和晶体管 V 的基极电流 I_B 来决定，即

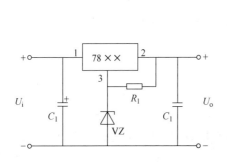

图 1-57　输出电压扩展电路

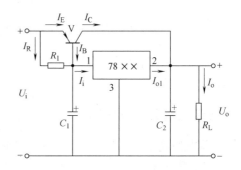

图 1-58　输出电流扩展电路

$$R_1 = \frac{U_{BE}}{I_R} = \frac{U_{BE}}{I_i - I_B} = \frac{U_{BE}}{I_{o1} - \dfrac{I_C}{\beta}}$$

式中，I_C 为晶体管 V 的集电极电流，其值为 $I_C = I_o - I_{o1}$；β 为晶体管 V 的电流放大倍数；对于锗管 U_{BE} 可按 0.3V 计算，对于硅管 U_{BE} 可按 0.7V 计算。

3. 78、79 系列集成稳压器的型号及意义

型号中的 ×× 表示该电路输出电压值，分别为 ±5V、±6V、±9V、±12V、±15V、±18V、±24V 共七种。

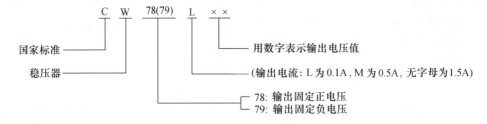

4. 可调式三端稳压器

图 1-59 所示为可调输出正电压的三端稳压器 317 的外形及接线。图 1-60 所示是由三端

稳压器 317 组成的可调式三端稳压电源电路，通过调整电位器 RP 的阻值，可输出连续可调的直流电压，其输出电压为 1.25～37V，最大输出电流为 1.5A，稳压器内部含有过电流、过热保护电路。C_1～C_5 为滤波电容，V_1、V_2 为保护二极管，V_1 防止稳压器输出端短路而损坏集成电路，V_2 用以防止输入短路而损坏集成电路。$R_1 = 120\Omega$，$C_4 = 10\mu F$，$C_5 = 33\mu F$。

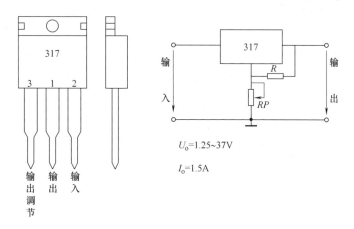

图 1-59　三端稳压器 317 的外形及接线

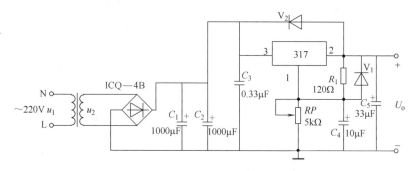

图 1-60　可调式三端稳压电源电路

📝 任务准备

准备所需仪表、工具：常用电子组装工具一套、双通道示波器一台、交流可调电源一台、万用表一只。所需电子元器件及材料见表 1-30。

表 1-30　电子元器件及材料

代　号	名　　称	规　格	代　号	名　　称	规　格
C_1	电解电容器	$100\mu F/50V$	ICQ—4B	ICQ—4B	桥式整流器
C_2	电解电容器	$100\mu F/50V$	CW7812	7812	三端式稳压器
C_3	无极性电容	$0.33\mu F/50V$		带插头电源线	
C_4	无极性电容	$0.1\mu F/50V$		万能电路板	
C_5	电解电容器	$33\mu F/50V$		$\phi 0.8mm$ 镀锡铜丝	
R_L	碳膜电阻器	120Ω		焊料、助焊剂	

✔ **任务实施**

1. 检测与筛选元器件

对电路中使用的元器件进行检测与筛选。

2. 装配电路

按照电路原理图装配电路，装配工艺要求为：

1）电阻器均采用水平安装，要求贴紧电路板，电阻器的色环方向应一致。

2）电解电容器采用垂直安装，电容器底部应贴近电路板，并注意正、负极性应正确。

3）桥式整流器采用垂直安装，底部离开电路板 5mm，注意引脚应正确。

4）立式三端稳压器采用垂直安装，稳压器底部离开电路板 5mm，注意引脚应正确。

5）布线正确，焊点合格，无漏焊、虚焊、短路现象。

3. 自检

装配完成后应首先进行自检，正确无误后才能进行调试。

（1）焊接检查　焊接结束后，首先检查电路有无漏焊、错焊、虚焊等问题。检查时可用尖嘴钳或镊子将每个元器件拉一拉，看有无松动，如果发现有松动现象，应重新焊接。

（2）元器件检查　检查各元器件引脚之间有无短路，引脚有无接错，滤波电容极性有无接反等问题。

（3）输入交流电源检查　检查输入交流电源接入是否正确，用万用表交流电压挡测量电源变压器二次输出电压是否符合要求。

短路检查时，可借助指针式万用表 "$R \times 1k$" 挡或数字式万用表 "Ω" 挡的蜂鸣器来测量。测量时应直接测量元器件引脚，这样可以同时发现接触不良的地方。

4. 电路调试

（1）初调　接通工频 14V 电源，测量滤波电路输出电压 U_i 和集成稳压器输出电压 U_o，它们的数值应与理论值大致符合，否则说明电路出了故障。设法查找故障并加以排除。

电路初调进入正常工作状态后，才能进行各项性能指标的调试。

（2）各项性能指标的调试

1）输出电压 U_o 和最大输出电流 I_{omax} 的调试。

在输出端接负载电阻 $R_L = 120\Omega$，由于集成稳压器 7812 输出电压 $U_o = 12V$，所以流过 R_L 的电流为 $I_{omax} = \dfrac{12V}{120\Omega} = 100mA$。这时 U_o 应基本保持不变，若变化较大则说明集成电路性能不良。

2）输出电阻 R_o 的测量 $R_o = \Delta U_o / \Delta I_o$。

3）调节输入电压在 14～17V 之间变化，观察输出电压的变化情况。

检查评议

评分标准见表1-31。

表 1-31   评分标准

序号	项目内容	评分标准	配分	扣分	得分
1	元器件安装	1. 元器件不按规定方式安装，扣10分 2. 元器件极性安装错误，扣10分 3. 布线不合理，扣10分	30分		
2	焊接	1. 焊点有一处不合格，扣1分 2. 剪脚留头长度有一处不合格，扣1分	20分		
3	测试	1. 关键点电位不正常，扣10分 2. 输出直流电压不可调，扣10分 3. 仪器仪表使用错误，扣10分	30分		
4	安全文明操作	1. 不爱护仪器设备，扣10分 2. 不注意安全，扣10分	20分		
5	合计		100分		
6	时间	90min			

注意事项

在测量负载电流时要注意万用表的量程选择，否则将损坏万用表。

知识扩展

1. 焊接工具

（1）电烙铁   电烙铁是最常用的焊接工具。以20W内热式电烙铁为例，焊接结构如图1-61所示。

新烙铁使用前，应用细砂纸将烙铁头打磨光亮，通电烧热，蘸上松香后用烙铁头刃面接触焊锡丝，使烙铁头上均匀地镀上一层锡，这样可以便于焊接并防止烙铁头表面氧化。旧的烙铁头如果严重氧化而发黑，可用钢锉锉去表层氧化物，使其露出金属光泽后，重新镀锡，才能使用。

电烙铁要用220V交流电源，使用时要特别注意安全。应认真做到以下几点：

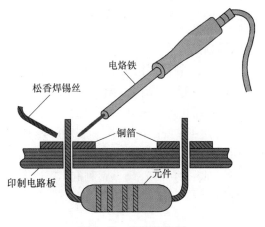

图 1-61   焊接结构图

1）电烙铁插头最好使用三极插头，确保外壳妥善接地。

2）使用前，应认真检查电源插头、电源线有无损坏并检查烙铁头是否松动。

3）电烙铁使用中，不能用力敲击，要防止跌落。烙铁头上焊锡过多时，可用布迅速擦掉。不能乱甩，以免烫伤他人。

4）焊接过程中，烙铁不能随意乱放。不焊时，应放在烙铁架上。注意电源线不可搭在烙铁头上，以防烫坏绝缘层而发生事故。

5）使用结束后，应及时切断电源，拔下电源插头。冷却后，再将电烙铁收回工具箱。

（2）焊锡和助焊剂　焊接时，还需要焊锡和助焊剂。

1）焊锡。焊接电子元器件时，一般采用有松香芯的焊锡丝。这种焊锡丝熔点较低，而且内含松香助焊剂，使用极为方便。

2）助焊剂。常用的助焊剂是松香或松香水（将松香溶于酒精中）。使用助焊剂有助于清除金属表面的氧化物，利于焊接，又可保护烙铁头。焊接较大元件或导线时，也可采用焊锡膏，但它有一定腐蚀性，焊接后应及时清除残留物。

（3）吸锡枪　吸锡枪是利用温度检测元件从吸锡枪头端获得的信号与基准信号一起经集成电路处理后，与设定的控制温度电平比较，通过触发器和可控硅对发热元件的工作进行控制，从而达到调节温度的目的。

电动吸锡枪操作及使用注意事项如下：

1）电动吸锡枪吸嘴部分温度较高，应配合吸锡枪座同时使用，以确保安全。

2）吸嘴温度在出厂时设定为430℃，可根据工作需要重新设置。

3）先把吸嘴对准待清除物部分，然后扳动按钮即可除锡。

4）拔去插头前，务必先用清洁针清理吸嘴及吸管。

考证要点

> **知识点**：78、79系固定式三端集成稳压器有输入端、输出端和公共端三个引出端。此类稳压器属于串联调整式，除了基准、取样、比较放大和调整等环节外，还有比较完善的保护电路。常用的CW78××系列是正电压输出，CW79××系列是负电压输出。

试题精选：

（1）在下列几种情况下，可选用什么型号的三端集成稳压器？

①$U_o = +15V$，R_L最小值为20Ω；②$U_o = +15V$，最大负载电流$I_{omax} = 350mA$；③$U_o = -12V$，输出电流$I_o = 10 \sim 80mA$。

（2）在所装配的电路中，如图1-49所示，当$R_L = 15\Omega$，$U_i = 20V$时，试估算集成稳压器的功耗。

（3）常用的CW78××系列和CW79××符号的意义是什么？输出电压的极性如何？

【练习题】

1. 填空题

（1）常用的三端式集成稳压器有（　　）、（　　）等几种。

(2) 78 型集成稳压电器输出电压为（　　　），79 型输出电压为（　　　）。

(3) 集成稳压器具有体积小，外接电路（　　　）、使用方便、工作可靠和（　　　）等特点。

(4) 集成稳压器应根据（　　　）对直流电源的（　　　）来进行选择。

(5) 78、79 系列三端式稳压器的输出电压是（　　　）的，在使用中（　　　）进行调整。

(6) 78M 系列稳压器的输出电流为（　　　），78L 系列稳压器的输出电流为（　　　）。

(7) 三端式稳压器的 1 端为（　　　），2 端为（　　　），3 端为（　　　）。

(8) 三端式稳压器型号中 78（或 79）后面没有字母时，则该稳压器输出电流为（　　　）。

(9) 317 型三端式稳压器，其输出电压范围在（　　　），最大输出电流为（　　　）。

(10) 317 型三端式稳压器内部含有（　　　）、（　　　）保护电路。

2. 判断题

(1) 三端集成稳压器的输出电压有正、负之分。（　　　）

(2) 三端集成稳压器型号中的 ×× 表示该电路输出电压值。（　　　）

(3) 78 系列三端式稳压器输出正电压。（　　　）

(4) 317 型三端式稳压器，其输出电流为 0.5A。（　　　）

(5) 79 系列三端式稳压器的输出电压是可调的。（　　　）

(6) 可以通过外部方式扩大集成稳压器的输出电压和电流。（　　　）

(7) 三端式稳压器的 1 端与 2 端可互换使用。（　　　）

(8) 三端式稳压器的输入电压 U_i 应比输出电压 U_o 大 3～5V。（　　　）

(9) 7905 型三端式稳压器的输出电压是 −5V。（　　　）

(10) 三端式稳压器的 1 端与 2 端之间的最小电压不能小于 3V。（　　　）

3. 选择题

(1) 7805L 型三端式稳压器输出电压为（　　　）。

A. 8V　　　　　　　B. 5V　　　　　　　C. −5V　　　　　　　D. 7V

(2) 7805L 型三端式稳压器输出电流为（　　　）。

A. 0.5A　　　　　　B. 1.5A　　　　　　C. 0.1A　　　　　　D. 0.3A

(3) 317 型三端式稳压器，其输出电压的调整范围是（　　　）。

A. 1.25～37V　　　B. 1～5V　　　　　C. 2～7V　　　　　D. 10～15V

(4) 79M05 型三端式稳压器的输出电流是（　　　）。

A. 0.1A　　　　　　B. 1.5A　　　　　　C. 0.5mA　　　　　D. 0.5A

(5) 317 型三端式稳压器，其输出电流是（　　　）。

A. 0.1A　　　　　　B. 1.5A　　　　　　C. 0.5mA　　　　　D. 0.5A

(6) 三端式稳压器的 1 端是（　　　）。

A. 输入端　　　　　B. 输出端　　　　　C. 公共端　　　　　D. 交流输入端

(7) 78、79 系列三端式稳压器的输出电压是（　　　）。

A. 可调的　　　　　B. 固定的　　　　　C. 是负电压　　　　D. 是正电压

(8) 78、79 系列三端式稳压器输出电压有（　　　）。

A. 五个挡　　　　　B. 八个挡　　　　　C. 九个挡　　　　　D. 七个挡

（9）三端集成稳压器其扩展后的输出电压为（　　）。

A. U_o　　　　　B. $U_o + U_z$　　　　　C. $U_o + 10V$　　　　　D. $U_o + 5V$

（10）三端集成稳压器输出电压扩展电路中的稳压二极管应工作在（　　）。

A. 非线性区　　　　　B. 正向特性　　　　　C. 反向击穿区　　　　　D. 反向特性

扩音器

2

本单元主要介绍共发射极放大电路、负反馈放大电路、功率放大电路的组成、工作原理、主要参数计算、装配与调试，以及扩音器的组成、工作原理和电路的装配与调试。

任务1　共发射极放大电路的装配与调试

任务描述

本任务主要介绍晶体管共发射极放大电路的组成、工作原理、主要参数计算，并通过装配与调试一个分压式共发射极放大电路，使学生掌握电路静态工作点的调整方法和波形失真的改善方法，能独立排除调试过程中出现的故障。

任务分析

本任务要求根据电路原理图，按工艺要求装配与调试电路。通过电路调试，学生能够掌握电路波形失真与静态工作点的关系以及电路参数对放大能力的影响。电路波形失真与静态工作点的关系是本任务的重点。分压式共发射极放大电路原理图如图2-1所示。

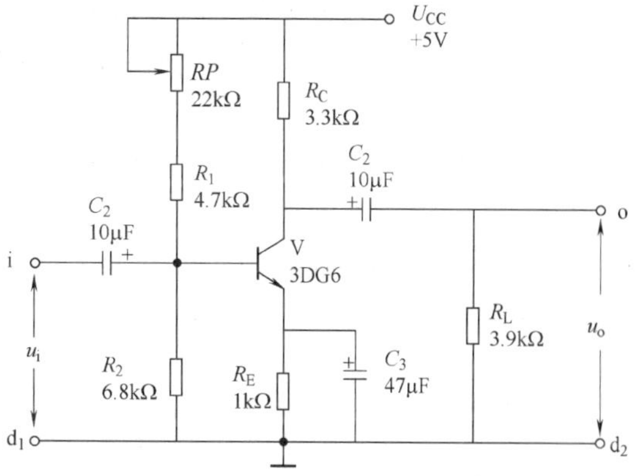

相关知识

图 2-1　分压式共发射极放大电路原理图

1. 共发射极基本放大电路的组成

共发射极基本放大电路如图2-2所示。

由于输入信号 u_i 加在晶体管的基极与发射极之间，输出信号 u_o 取自集电极和发射极之间，所以输入/输出共用晶体管的发射极，故称为共发射极放大电路（简称为共射极放大电路）。

电路中各元器件的作用：

（1）晶体管 V　电路中的放大器件，起电流放大的作用，工作在放大区。

（2）电源 U_{CC}　为放大电路提供电能。通过正确的连接，可以保证晶体管 V 的发射结正向偏置，集电结反向偏置，从而使晶体管 V 工作在放大区。

（3）集电极电阻 R_C 主要将晶体管集电极电流的变化转换成集电极与发射极之间的电压变化，以实现电压放大作用。

（4）基极偏置电阻 R_B 在电源 U_{CC} 一定时，为晶体管提供固定的基极偏置电流，使晶体管工作在放大区。R_B 通常选用电位器，取值一般为几十千欧至几百千欧。

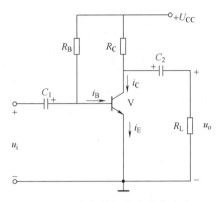

图 2-2   共发射极基本放大电路

（5）耦合电容 C_1、C_2 它们具有通交隔直的作用。C_1 用来隔离放大电路与信号源之间的直流通路，C_2 用来隔离放大电路与负载之间的直流通路。由于两者容量均较大，所以对交流信号将视为短路。

（6）负载电阻 R_L 放大电路的负载，如耳机、扬声器等。

2. 放大电路工作原理分析

放大电路的工作原理分析，分为静态和动态两种工作情况。

（1）静态工作情况分析   当放大电路的外加输入信号 $u_i = 0$ 时，电路仅在直流电源 U_{CC} 作用下的工作情况称为静态工作情况，或称为直流工作情况。静态工作时，电路中的电流及电压均为直流。当电路中各元器件参数及电源电压确定后，晶体管的基极电流 I_B、集电极电流 I_C、集电极与发射极之间的电压 U_{CE} 就被唯一地确定下来，是一个定值，称为静态工作点，用 Q 表示。静态分析的目的就是要分析静态工作点是否合适，若静态工作点不合适，放大电路在放大的过程中将产生失真。

静态工作情况可根据放大电路的直流通路（直流电流通过的路径）进行分析，直流通路如图 2-3 所示。

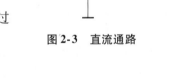

图 2-3   直流通路

由图可知：

$$I_{BQ} = \frac{U_{CC} - U_{BEQ}}{R_B} \approx \frac{U_{CC}}{R_B} \tag{2-1}$$

$$I_{CQ} \approx \beta I_{BQ} \tag{2-2}$$

$$U_{CEQ} = U_{CC} - I_{CQ}R_C \tag{2-3}$$

以上三式为计算共发射极基本放大电路静态工作点的常用公式。静态工作点一般表示为（I_{BQ}、I_{CQ}、U_{CEQ}）。

静态工作点是否合适，对放大器的性能和输出波形都有很大影响。如果工作点偏高，放大器在加入交流信号以后易产生饱和失真，此时 u_o 的负半周将被削底，如图 2-4a 所示；若工作点偏低，则易产生截止失真，即 u_o 的正半周被缩顶（一般截止失真不如饱和失真明显），如图 2-4b 所示。这些情况都不符合不失真放大的要求，所以在选定工

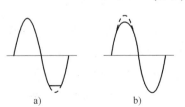

图 2-4   放大器的饱和失真与截止失真
a）饱和失真   b）截止失真

作点以后还必须进行动态调试，即在放大器的输入端加入一定的输入电压 u_i，检查输出电压 u_o 的大小和波形是否满足要求。若不满足，则应调节静态工作点的位置。小信号放大电路，静态工作点一般取

$$I_{CQ} = 1 \sim 3\text{mA} \tag{2-4}$$

$$U_{CEQ} = 2 \sim 3\text{V} \tag{2-5}$$

改变电路参数 U_{CC}、R_C、R_B 都会引起静态工作点的变化，但通常多采用调节偏置电阻 R_B 的方法来改变静态工作点，若减小 R_B，则可使静态工作点提高。

（2）动态工作情况分析　在放大电路输入端加入交流输入信号（$u_i \neq 0$），放大电路在交流输入信号作用下的工作状态称为动态，或称为交流工作情况。

设输入信号 $u_i = U_{im}\sin\omega t$，u_i 通过输入耦合电容 C_1 加到晶体管的发射结上，变化的 u_i 将产生变化的基极交流电流 i_b，使基极总电流 $i_B = I_{BQ} + i_b$ 发生变化，集电极电流 $i_C = I_{CQ} + i_c$ 将随之变化，并在集电极电阻 R_C 上产生电压降 $i_C R_C$，使放大器的集电极电压 $u_{CE} = U_{CC} - i_C R_C$，通过 C_2 耦合，输出变化电压 u_o。只要电路参数能使晶体管工作在放大区，则 u_o 的变化幅度将比 u_i 的变化幅度大很多倍。由此说明该放大电路对 u_i 进行了放大。电路各处的电流和电压波形如图 2-5 所示。

由图 2-5 可见，输出电压 u_o 的相位与输入电压 u_i 的相位相反。

3. 放大电路主要指标

描述放大电路性能的优劣，总要用一些指标来衡量，常用的有如下几项：

（1）电压放大倍数　输出电压的有效值 U_o 与输入电压的有效值 U_i 之比，称为放大电路的电压放大倍数，用 A_U 表示，即

$$A_U = \frac{U_o}{U_i} = -\frac{\beta R_L'}{r_{be}} \tag{2-6}$$

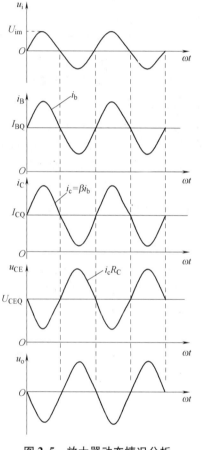

图 2-5　放大器动态情况分析

式中，负号表示输出电压 u_o 的相位与输入电压 u_i 的相位相反；β 为晶体管的电流放大倍数；R_L' 为放大电路的交流等效负载电阻，即 $R_L' = R_C /\!/ R_L = \dfrac{R_C R_L}{R_C + R_L}$；$r_{be}$ 为晶体管的输入电阻，其值很小，约为 1000Ω，即

$$r_{be} = 300 + (1 + \beta)\frac{26\text{mV}}{I_{EQ}} \tag{2-7}$$

（2）输入电阻　放大电路的输入电阻是从放大电路的输入端看进去的交流等效电阻，它相当于信号源的负载电阻，用 r_i 表示，即

$$r_i = R_B /\!/ r_{be} \approx r_{be} \tag{2-8}$$

（3）输出电阻　放大电路的输出电阻是从放大电路的输出端看进去的交流等效电阻，用 r_o 表示，即

$$r_o \approx R_C \tag{2-9}$$

4. 放大电路静态工作点的稳定

合理设置静态工作点是保证放大电路正常工作的先决条件，Q 点位置过高或过低都可能使信号产生失真。放大电路的静态工作点除与电路参数 U_{CC}、R_C 和 R_B 有关外，还与环境温度有关。环境温度变化时，会使设置好的静态工作点 Q 发生移动，使原来合适的静态工作点变得不合适而产生失真。

温度变化对 Q 点的影响集中表现在晶体管集电极电流 I_C 随温度的变化而变化。例如，当温度增加时，晶体管的 I_{CEO}、U_{BE} 和 β 等参数都将发生改变，最终结果将使 I_C 增加，Q 点变化。如果在原放大电路基础上改变一下，使在 I_C 上升的同时 I_B 下降，以达到自动稳定工作点的目的，这就是分压式偏置电路（又称为工作点稳定电路）。分压式偏置电路如图 2-6 所示。

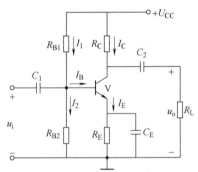

图 2-6　分压式偏置电路

（1）电路的特点

1）利用 R_{B1} 和 R_{B2} 分压，固定基极电位为

$$U_{BQ} = \frac{R_{B2}}{R_{B1} + R_{B2}} U_{CC} \tag{2-10}$$

U_{BQ} 仅由外电路参数决定，与晶体管参数无关。

2）利用发射极电阻 R_E 产生反映 i_C 变化的电位 u_E，u_E 能自动调节 i_B，使 i_C 保持不变。i_C 保持稳定的过程是

$$T \uparrow \to I_{CQ} \uparrow \to I_{EQ} \uparrow \to U_{EQ}(U_{EQ} = I_{EQ}R_E) \uparrow \to U_{BEQ}(= U_{BQ} - U_{EQ}) \downarrow \to I_{BQ} \downarrow \to I_{CQ} \downarrow$$

（2）静态工作点的估算　由于

$$U_{BQ} = \frac{R_{B2}}{R_{B1} + R_{B2}} U_{CC}$$

$$U_{BQ} \gg U_{BEQ}$$

则

$$I_{CQ} \approx I_{EQ} = \frac{U_{BQ} - U_{BEQ}}{R_E} \approx \frac{U_{BQ}}{R_E} = \frac{R_{B2}}{R_E(R_{B1} + R_{B2})} U_{CC} \tag{2-11}$$

$$U_{CEQ} = U_{CC} - I_{CQ}R_C - I_{EQ}R_E \approx U_{CC} - I_{CQ}(R_C + R_E) \tag{2-12}$$

$$I_{BQ} \approx \frac{I_{CQ}}{\beta} \tag{2-13}$$

（3）动态参数的估算　由于发射极旁路电容 C_E 对交流的旁路作用，所以电路的动态参数与共发射极基本放大电路相同。

 **任务准备**

准备所需仪表、工具：常用电子组装工具一套、双通道示波器一台、直流稳压电源一

台、低频信号发生器一台、毫伏表一只、万用表一只。所需电子元器件及材料见表2-1。

表 2-1 电子元器件及材料

代　号	名　　称	规　格	代　号	名　　称	规　格
RP	电位器	22kΩ	C_2	电解电容器	10μF/16V
R_1	碳膜电阻器	4.7kΩ	C_3	电解电容器	47μF/16V
R_2	碳膜电阻器	6.8kΩ	V	晶体管	3DG6
R_C	碳膜电阻器	3.3kΩ	万能电路板		
R_E	可变电阻器	1kΩ	φ0.8mm 镀锡铜丝		
R_L	碳膜电阻器	3.9kΩ	焊料、助焊剂		
C_1	电解电容器	10μF/16V	多股软导线 400mm		

✔ 任务实施

1. 检测与筛选元器件

对电路中使用的元器件进行检测与筛选。

2. 装配电路

按照电路原理图（见图2-1）装配电路，装配工艺要求为：

1）电阻器均采用水平安装，要求贴紧电路板，电阻器的色环方向应一致。

2）电解电容器采用垂直安装，电容器底部应贴近电路板，并注意正、负极的极性应正确。

3）晶体管采用垂直安装，底部离开电路板5mm，注意引脚应正确。

4）布线正确，焊点合格，无漏焊、虚焊、短路现象。

3. 自检

装配完成后应首先进行自检，正确无误后才能进行调试。

（1）焊接检查　焊接结束后，首先检查电路有无漏焊、错焊、虚焊等问题。检查时可用尖嘴钳或镊子将每个元器件拉一拉，看有无松动，如果发现有松动现象，应重新焊接。

（2）元器件检查　检查各元器件引脚之间有无短路，引脚有无接错，电容极性有无接反等问题。

（3）接线检查　对照电路原理图检查接线是否正确，有无接错现象，发现问题及时纠正。

短路检查时，可借助指针式万用表"$R \times 1$"挡或数字式万用表"Ω"挡的蜂鸣器来测量。测量时应直接测量元器件引脚，这样可以同时发现接触不良的地方。

4. 电路调试

1）选择 +5V 稳压电源，用红色导线连接直流电源正极到放大电路的 U_{CC}，用黑色导线连接直流电源负极到公共端。

2）选择函数信号发生器正弦波输出，用红色导线连接正极到放大电路的输入端，用黑色导线连接负极到放大电路的公共端。

3）示波器 Y 通道的正极用红色导线连接到放大电路的输出端，负极连接到放大电路的公共端。

4）最佳静态工作点的调整。调整方法是：调节函数信号发生器的频率为 1kHz，输出电压为 10mV。缓慢增大放大电路的输入电压 u_i，同时观察放大电路的输出电压 u_o，当波形出现失真时调整电位器 RP 使波形恢复正常，然后再增大 u_i，重复上述步骤，直到输出电压 u_o 正、负峰值都出现轻微失真为止，这时放大器的工作点即为最佳工作点。缓慢减小 u_i，使正、负峰值都刚好出现轻微失真，这时输出电压 u_o，即为该放大器的最大不失真输出电压。

5）静态工作点的测量。去掉输入信号在 i 点的连接线，并将 i 点用短路元器件连接到地（d_1 点），然后用万用表测量 U_E、U_{BE} 及 U_{CE}，并计算出 I_C 的值，并填入表 2-2 中。

表 2-2　静态工作点的测量结果

U_E/V	U_{BE}/V	U_{CE}/V	I_C/mA

注：在操作过程中，电位器 RP 不再调整。

6）测量放大器的电压放大倍数。在放大器输入端加入频率为 1kHz 的正弦信号 u_s，调节函数信号发生器的输出旋钮使放大器输入电压 $U_i \approx 10mV$，同时用示波器观察放大器输出电压 u_o 波形。在波形不失真的条件下用交流毫伏表测量表 2-3 中三种情况下的 U_o 值，并用双踪示波器观察 u_o 和 u_i 的相位关系，记入表 2-3 中。

表 2-3　电压倍数测量

$R_C/k\Omega$	$R_L/k\Omega$	U_o/V	A_U	观察记录一组 u_o 和 u_i 波形	
3.3	∞				
1.5	∞				
3.3	3.9				

7）观察静态工作点对电压放大倍数的影响。设 $R_C = 3.3k\Omega$，$R_L = \infty$，U_i 适当，调节 RP，用示波器监视输出电压波形，在 u_o 不失真的条件下，测量 I_C 和 U_o 值，并记入表 2-4 中。

表 2-4　静态工作点对电压放大倍数的影响

I_C/mA				
U_o/V				
A_U				

测量 I_C 时，要先将信号源输出旋钮旋至零（即令 $u_i = 0$）。

8）观察静态工作点对输出波形失真的影响。设 $R_C = 3.3k\Omega$，$R_L = 3.9k\Omega$，$u_i = 0$，调节 RP 使 $I_C = 2.0mA$，测出 U_{CE} 值，再逐步加大输入信号，使输出电压 u_o 足够大但不失真。然后保持输入信号不变，分别增大和减小 RP，使波形出现失真，绘出 u_o 的波形，并测出失真情况下的 I_C 和 U_{CE} 值，记入表 2-5 中。每次测 I_C 和 U_{CE} 值时都要将信号源的输出旋钮旋至零

（即令 $u_i = 0$）。

表 2-5　静态工作点对输出波形失真的影响

I_C/mA	U_{CE}/V	u_o 波形	失真情况	晶体管工作状态
		 u_o ↑ t		
2.0		 u_o ↑ t		
		 u_o ↑ t		

✍ 检查评议

评分标准见表 2-6。

表 2-6　评分标准

序号	项目内容	评分标准	配分	扣分	得分
1	元器件安装	1. 元器件不按规定方式安装，扣10分 2. 元器件极性安装错误，扣10分 3. 布线不合理，扣10分	30分		
2	焊接	1. 焊点有一处不合格，扣2分 2. 剪脚留头长度有一处不合格，扣2分	20分		
3	测试	1. 关键点电位不正常，扣10分 2. 放大倍数测量错误，扣10分 3. 仪器仪表使用错误，扣10分	30分		
4	安全文明操作	1. 不爱护仪器设备，扣10分 2. 不注意安全，扣10分	20分		
5	合计		100分		
6	时间	90min			

💡 注意事项

1）在测量负载电流时要注意万用表的量程选择，否则将损坏万用表。

2）观察静态工作点对电压放大倍数的影响时，注意测量 I_C 时要将输入信号调到零，否则会影响测量结果。

☞ 知识扩展

图 2-7 所示是发射极没有旁路电容的分压式偏置电路，电路的电压放大倍数和输入/输出电阻的计算公式分别为

（1）电压放大倍数

$$A_U = \frac{U_o}{U_i} = -\frac{\beta R'_L}{r_{be} + (1+\beta) R_E} \qquad (2\text{-}14)$$

（2）输入电阻

$$r_i = R_B // [r_{be} + (1+\beta) R_E]$$

$$\approx r_{be} + (1+\beta) R_E \qquad (2\text{-}15)$$

（3）输出电阻　输出电阻与基本共发射极放大电路相同，依然为 $r_o \approx R_C$。

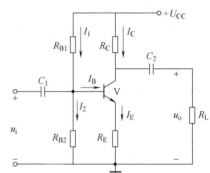

图 2-7　没有旁路电容的分压式偏置电路

🔍 考证要点

> **知识点：** 共发射极放大电路既有电压放大作用，又有电流放大作用。共发射极放大电路放大作用的实质是晶体管基极电流对集电极电流的控制作用。要满足不失真地进行放大，电路必须设置合适的静态工作点。

试题精选：

（1）小信号放大电路的静态工作点的电流一般取（ B ）。

A. $I_{CQ} = 2 \sim 4mA$　　　　　　　B. $I_{CQ} = 1 \sim 3mA$

C. $I_{CQ} = 3 \sim 5mA$　　　　　　　D. $I_{CQ} = 0.1 \sim 0.3mA$

（2）合理设置静态工作点的目的是（ D ）。

A. 提高放大倍数　　B. 减小失真　　C. 提高输入电阻　　D. 不失真放大

（3）放大电路中晶体管的作用是（ C ）。

A. 电压放大　　　B. 电压控制　　　C. 电流控制　　　D. 开关

（4）共发射极偏置电路在直流通路中，计算静态工作点的方法称为（ C ）。

A. 图解分析法　　B. 图形分析法　　C. 近似估算法　　D. 正交分析法

【练习题】

1. 填空题

（1）放大电路的静态是指（　　）时的（　　）状态。

（2）放大电路的静态工作点是指 U_{CEQ}、（　　）和（　　）。

（3）放大电路的静态工作点设置过低会产生（　　）失真，设置过高会产生（　　）失真。

（4）放大电路的静态工作点不但和电路（　　）有关，而且与环境（　　）有关。

（5）放大电路的静态工作点不但应设置（　　），而且还要（　　）。

（6）放大电路实现电压放大的实质是晶体管的（　　）对（　　）控制作用实现的。

（7）放大电路中晶体管的集电极电阻 R_C 的作用是将（　　　）的变化转换成（　　　）的变化。

（8）放大电路的静态工作点稍高点，其电压放大倍数较（　　　）些，R_L 小些，电压放大倍数将（　　　）。

（9）要减小放大电路对信号源的负载影响，希望放大电路的输入电阻（　　　）；要提高放大电路的带负载能力，希望放大电路的输出电阻（　　　）。

（10）工作点稳定电路中利用发射极电阻 R_E 产生反映（　　　）变化的电位 u_E，u_E 能自动调节（　　　），使 i_C 保持不变。

2. 判断题

（1）放大电路的静态是指在交流输入信号作用下的工作状态。（　　　）

（2）放大电路的失真与静态工作点有关。（　　　）

（3）放大电路实现电压放大的实质是利用电阻 R_C 的电流转换作用。（　　　）

（4）放大电路中耦合电容的容量越小越好。（　　　）

（5）在阻容耦合放大电路中可将耦合电容换成电感线圈。（　　　）

（6）为了提高电压放大倍数，静态工作点设置得越高越好。（　　　）

（7）动态检查时，应在电路输入端加入输入信号，用示波器由前级向后级逐级观察有关点的电压波形并测量其大小是否正常。（　　　）

（8）当电路不能正常工作时，应关断直流电源，再认真检查电路是否有接错、掉线、断线，有没有接触不良、元器件损坏、元器件用错、元器件引脚接错。（　　　）

（9）一般对放大器的失真不做定量测量时，可采用示波器来观察。（　　　）

（10）电路安装完毕后，可立即通电测试。（　　　）

3. 选择题

（1）放大电路静态工作点设置得过高会产生（　　　）。

A. 饱和失真　　　　　　　　　　　B. 截止失真

C. 使电路正常工作　　　　　　　　D. 较高的电压输出

（2）为了减小环境温度对放大电路的影响应采取（　　　）。

A. 设置偏置电压　　　　　　　　　B. 精选电阻

C. 加大耦合电容　　　　　　　　　D. 稳定工作点的措施

（3）温度变化对 Q 点的影响，集中表现在晶体管（　　　）随温度的变化而变化。

A. 集电极电压　　B. 发射极电压　　C. 集电极电流　　　D. 发射结电压

（4）饱和失真时输出波形会出现（　　　）。

A. 负半周将被削底　B. 正半周将被缩顶　C. 对称　　　　D. 对称性失真

（5）放大电路静态工作点的调整主要通过调节（　　　）实现。

A. 集电极电阻　　B. 基极电阻　　　　C. 电源电压　　　D. 集电极电压

（6）由于信号源都有一定的内阻，所以测量 U_i 时，必须在被测电路与信号源（　　　）后进行测量。

A. 断开　　　　　B. 连接　　　　　C. 断电　　　　　D. 不加信号

4. 简答题

（1）什么是放大电路静态工作点？

（2）静态工作点的设置对波形失真有何影响？

5. 计算题

（1）在图 2-2 所示电路中，已知 $R_B = 470\text{k}\Omega$，$R_C = R_L = 3.9\text{k}\Omega$，$\beta = 80$，$U_{CC} = 12\text{V}$，试求其静态工作点。

（2）在图 2-6 所示电路中，已知 $R_{B1} = 100\text{k}\Omega$，$R_{B2} = 24\text{k}\Omega$，$R_E = 1.5\text{k}\Omega$，$R_C = 5.1\text{k}\Omega$，$R_L = 10\text{k}\Omega$，$\beta = 60$，试求：①电路的静态工作点；②电压放大倍数；③输入/输出电阻。

任务 2　负反馈放大电路的装配与调试

🥕 任务描述

本任务主要介绍负反馈放大电路的组成、负反馈的类型及作用、反馈的判断方法等。通过装配与调试一个电压串联负反馈放大电路，掌握负反馈对电路性能的影响和负反馈的引入方法，并能独立排除调试过程中电路出现的故障。

👉 任务分析

本任务要求根据电路原理图，按工艺要求装配与调试电路。通过电路的调试，掌握负反馈对电路波形失真的改善、负反馈对放大能力的影响和排除故障的方法。电压串联负反馈放大电路原理图如图 2-8 所示。

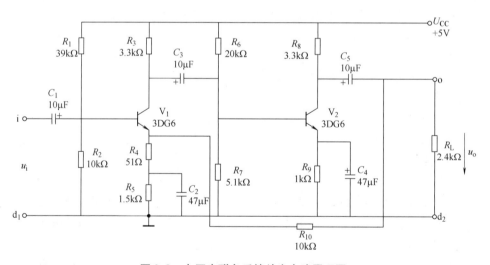

图 2-8　电压串联负反馈放大电路原理图

📖 相关知识

1. 反馈的基本概念

（1）反馈的含义　将放大电路的输出量（电压或电流）的一部分或全部，通过一定的电路形式（称为反馈网络）回送到输入电路中，用来影响其输入量（电压或电流），这种信号的反送过程称为反馈。

（2）反馈放大器的组成及分类　含有反馈网络的放大器称为反馈放大器，其组成框图如图 2-9 所示。图中 A 表示没有反馈的放大电路，称为基本放大电路，主要功能是放大信号；F 表示反馈网络，通常由线性元件组成，主要功能是传输反馈信号。由图 2-9 可知，反馈放大器是由基本放大电路和反馈网络构成的一个闭环系统，故称为闭环放大电路。同样，把没有反馈的基本放大电路称为开环放大电路。X_i、X_f、X_d 和 X_o 分别表示输入信号、反馈信号、净输入信号和输出信号，它们可以是电压，也可以是电流。箭头表示信号的传输方向，由输入到输出称为正向传输，由输出到输入称为反向传输。基本放大电路的输入信号称为净输入信号，它不但取决于输入信号，还与反馈信号有关。

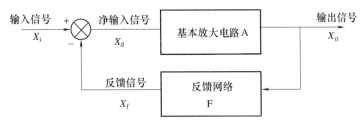

图 2-9　反馈放大器的组成框图

根据反馈的作用效果可将反馈分为正反馈和负反馈。如果反馈信号增强了原输入信号，使净输入信号增大，则称为正反馈；相反，如果反馈信号削弱了原输入信号，使净输入信号减小，则称为负反馈。

由反馈放大器的组成框图可得，基本放大电路的放大倍数为

$$A = X_o/X_d \tag{2-16}$$

反馈电路的反馈系数为

$$F = X_f/X_o \tag{2-17}$$

基本放大电路的净输入信号为

$$X_d = X_i - X_f \tag{2-18}$$

反馈放大器的放大倍数（又称为闭环放大倍数）为

$$A_f = X_o/X_i = A/(1 + AF) \tag{2-19}$$

正反馈虽然能增大净输入信号，使电路的放大倍数增加，但会使放大电路的工作稳定度、失真度、频率特性等性能显著变坏；负反馈虽然使净输入信号减小，使电路的放大倍数降低，但却使放大电路许多方面的性能得到改善。因此，实际放大电路中均采用负反馈，而正反馈主要用于振荡电路中。

反馈还有直流反馈和交流反馈之分。如果反馈信号中只有直流成分，即反馈元件只能反映直流量的变化，称为直流反馈；如果反馈信号中只有交流成分，即反馈元件只能反映交流量的变化，称为交流反馈。直流负反馈影响放大电路的直流性能，常用以稳定静态工作点；交流负反馈影响放大电路的交流性能，常用以改善放大电路的动态性能。

2. 反馈极性的判断

反馈极性的判断，通常采用瞬时极性法来判断。这种方法是首先假定输入信号在某一瞬

间对地而言极性为正，然后由各级输入、输出之间的相位关系，分别推导出电路其他有关各点的瞬时极性（用"＋"表示升高，用"－"表示降低），最后判别反馈到电路输入端的信号是加强了输入信号还是削弱了输入信号。加强了是正反馈，削弱了是负反馈。

在图 2-10 所示电路中，标出了利用瞬时极性法分析的各点电位变化情况，由此可知该电路所引的反馈是负反馈。

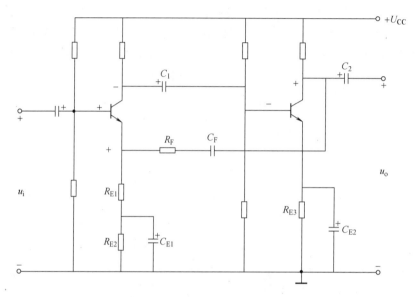

图 2-10　瞬时极性法判断反馈类型

3. 负反馈的类型及作用

根据反馈网络与基本放大电路在输入端的连接方式的不同，负反馈分为串联负反馈和并联负反馈。串联负反馈的作用是增大输入电阻，并联负反馈的作用是减小输入电阻。根据反馈信号的取样对象不同，负反馈又分为电压负反馈和电流负反馈。电压负反馈的作用是稳定输出电压，电流负反馈的作用是稳定输出电流。因此，负反馈放大器有四种基本类型，即电压串联负反馈、电流串联负反馈、电压并联负反馈和电流并联负反馈。其中，电压串联负反馈的作用是稳定输出电压和增大输入电阻，电流串联负反馈的作用是稳定输出电流和增大输入电阻，电压并联负反馈的作用是稳定输出电压和减小输入电阻，电流并联负反馈的作用是稳定输出电流和减小输入电阻。

4. 负反馈对放大电路性能的影响

负反馈对放大电路性能的影响主要有：

1）提高放大倍数的稳定性。

2）减小放大电路的非线性失真。

3）扩展放大电路的通频带。

4）改变输入/输出电阻。

负反馈减小非线性失真主要是通过负反馈的自动调整作用实现的，如图 2-11 所示。

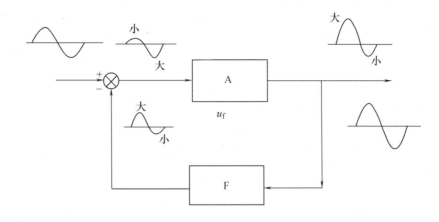

图 2-11　负反馈减小放大电路的非线性失真

5. 在放大电路中引入反馈的方法

在放大电路中适当引入不同类型的负反馈，就能满足对放大电路性能改善的要求。根据四种类型负反馈的作用可知，要稳定放大电路的输出电压就应引入电压负反馈，要稳定放大电路的输出电流就应引入电流负反馈；要提高放大电路的输入电阻就应引入串联负反馈，要减小放大电路的输入电阻就应引入并联负反馈；要稳定放大电路的静态工作点就应引入直流负反馈。

6. 负反馈放大电路的分析方法

放大电路引入负反馈可以改善诸多方面的性能，如改善放大电路的非线性失真，提高放大电路的工作稳定性，改变放大电路的输入/输出电阻，扩展放大电路的通频带等。反馈的形式不同，所产生的影响也各不相同。因此，分析反馈放大电路时应按以下原则进行。

1）首先分析电路中是否存在反馈。分析的方法是：看电路中是否存在连接输出电路和输入电路的元件，如果存在这样的元件，则电路中一定存在反馈。连接输出电路和输入电路的元件就是反馈元件。

2）利用瞬时极性法分析反馈极性。

3）分析反馈在输入端的连接方式。如果反馈元件在放大电路的输入电路中接在晶体管的基极，则电路中引入的反馈为并联反馈；如果反馈元件在放大电路的输入电路中接在晶体管的发射极，则电路中引入的反馈为串联反馈。

4）分析反馈信号的取样对象。如果反馈信号取自放大电路的输出电压，则电路中引入的反馈为电压反馈；如果反馈信号取自放大电路的输出电流，则电路中引入的反馈为电流反馈。

一般来看，如果反馈元件在放大电路的输出电路中与负载电阻接在同一点上（对交流而言），则引入的反馈就是电压反馈；相反，如果反馈元件在放大电路的输出电路中不与负载电阻接在同一点上（对交流而言），则引入的反馈就是电流反馈。

7. 负反馈放大器特例：共集电极放大电路（又称为射极输出器）

（1）电路组成　共集电极放大电路是一个典型的电压串联负反馈放大电路，如图 2-12 所示。

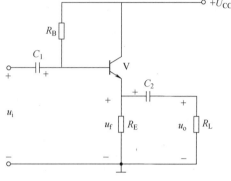

由图可知，电阻 R_E 既包含于输出电路又包含于输入电路，通过 R_E 把输出电压 u_o 全部反馈到输入电路中，因此存在反馈，反馈元件为 R_E。

利用瞬时极性法可判断出 R_E 引入的反馈为负反馈，对于交流而言 $u_f = u_o$，所以 R_E 引入的反馈为电压反馈，又由于 R_E 接于晶体管的发射极，所以电路引入的反馈为串联反馈。

由分析可知，R_E 引入的反馈类型为电压串联负反馈。

图 2-12　共集电极放大电路

（2）静态工作点的估算

$$I_{BQ} = \frac{U_{CC} - U_{CEQ}}{R_B + (1+\beta)R_E} \approx \frac{U_{CC}}{R_B + (1+\beta)R_E} \qquad (2\text{-}20)$$

$$I_{CQ} = \beta I_{BQ}$$

$$U_{CEQ} = U_{CC} - I_{EQ}R_E \approx U_{CC} - I_{CQ}R_E \qquad (2\text{-}21)$$

（3）动态参数的估算

1）电压放大倍数的估算。由电路可得

$$U_o = U_i - U_{be} \approx U_i \qquad (U_i \gg U_{be}) \qquad (2\text{-}22)$$

因此，电压放大倍数为

$$A_{Uf} = U_o/U_i \leqslant 1 \qquad (2\text{-}23)$$

由此可见，共集电极放大电路没有电压放大的作用。由于 $u_o \approx u_i$，而且输出电压和输入电压相位相同，所以共集电极电路又称为电压跟随器。

2）电流放大倍数的估算。由电路可得

$$I_i = I_b \qquad (2\text{-}24)$$

$$I_o = I_e \qquad (2\text{-}25)$$

因此，电流放大倍数为

$$A_I = I_o/I_i = I_e/I_b = 1 + \beta \qquad (2\text{-}26)$$

由此可见，共集电极放大电路有较强的电流放大作用。

3）输入电阻的估算，即

$$r_i = R_B//(1+\beta)R_E' \qquad (2\text{-}27)$$

式中，$R_E' = R_E//R_L$。由此可见，共集电极放大电路的输入电阻很高。

4）输出电阻的估算，即

$$r_o \approx \frac{r_{be}}{1+\beta} \qquad (2\text{-}28)$$

由此可见，共集电极放大电路的输出电阻很小。

✏️ 任务准备

准备所需仪表、工具：常用电子组装工具一套、双通道示波器一台、直流稳压电源一台、低频信号发生器一台、毫伏表一只、万用表一只。所需电子元器件及材料见表2-7。

表 2-7 电子元器件及材料

代 号	名 称	规 格	代 号	名 称	规 格
R_1	碳膜电阻器	39kΩ	R_L	碳膜电阻器	2.4kΩ
R_2	碳膜电阻器	10kΩ	C_1	电解电容器	10μF/16V
R_3	碳膜电阻器	3.3kΩ	C_2	电解电容器	47μF/16V
R_4	碳膜电阻器	51Ω	C_3	电解电容器	10μF/16V
R_5	碳膜电阻器	1.5kΩ	C_4	电解电容器	47μF/16V
R_6	碳膜电阻器	20kΩ	C_5	电解电容器	10μF/16V
R_7	碳膜电阻器	5.1kΩ		万能电路板	
R_8	碳膜电阻器	3.3kΩ		ϕ0.8mm 镀锡铜丝	
R_9	碳膜电阻器	1kΩ		焊料、助焊剂	
R_{10}	碳膜电阻器	10kΩ		多股软导线 400mm	

✔ 任务实施

1. 检测与筛选元器件

对电路中使用的元器件进行检测与筛选。

2. 装配电路

按照装配电路原理图（见图2-8）装配电路，装配工艺要求为：

1）电阻器均采用水平安装，要求贴紧电路板，电阻器的色环方向应一致。

2）电解电容器采用垂直安装，电容器底部应贴近电路板，并注意正、负极性应正确。

3）晶体管采用垂直安装，底部离开电路板5mm，注意引脚应正确。

4）布线正确，焊点合格，无漏焊、虚焊、短路现象。

3. 自检

装配完成后应首先进行自检，正确无误后才能进行调试。

（1）焊接检查　焊接结束后，首先检查电路有无漏焊、错焊、虚焊等问题。检查时可用尖嘴钳或镊子将每个元器件拉一拉，看有无松动，如果发现有松动现象，应重新焊接。

（2）元器件检查　检查各元器件引脚之间有无短路，引脚有无接错，电容极性有无接反等问题。

（3）接线检查　对照电路原理图检查接线是否正确，有无接错现象，发现问题及时纠正。

短路检查时，可借助指针式万用表"$R \times 1$"挡或数字式万用表"Ω"挡的蜂鸣器来测量。测量时应直接测量元器件引脚，这样可以同时发现接触不良的地方。

4. 电路调试

1）选择 +12V 稳压电源，用红色导线连接正极到反馈放大电路的 U_{CC}，用黑色导线连接负极到负反馈放大电路的 d_2 点。

2）选择函数发生器的正弦波输出，用红色导线连接正极到放大电路的 i 点，用黑色导线连接负极到放大电路的 d_1 点。

3）示波器 Y 通道输入的正极用红色导线分别连接到放大电路的 i 点与 o 点，负极用黑色导线连接到放大电路的 d_2 点。

4）测量静态工作点。取 $U_{CC} = +5V$，$U_i = 0$，用万用表分别测量第一级、第二级的静态工作点，记入表 2-8 中。

表 2-8 放大电路的静态工作点

	U_B/V	U_E/V	U_C/V	I_C/mA
第一级				
第二级				

5）测试基本放大器的电压放大倍数 A_U。将电路改接，即把 R_{10} 断开后分别并联在 R_4 和 R_L 上，其他连线不动。

① 将 $f = 1kHz$，U_S 约为 5mV 的正弦信号输入放大器，用示波器监视输出波形 u_o，在 u_o 不失真的情况下，用交流毫伏表测量 U_S、U_i、U_{o1}、U_o，并记入表 2-9 中。

② 保持 U_S 不变，断开负载电阻 R_L（注意，R_f 不要断开），测量空载时的输出电压 U_o，并记入表 2-9 中。

表 2-9 输出电压与输入电压关系

基本放大器		U_S/mV	U_i/mV	U_{o1}/V	U_o/V	A_U
	负载时					
	$R_L = \infty$					
负反馈放大器		U_S/mV	U_i/mV	U_{o1}/V	U_o/V	A_{Uf}

6）测试负反馈放大器电压放大倍数 A_{Uf}。将电路恢复，即接上 R_{10}。适当加大 U_S（约为 10mV），在输出波形不失真的条件下，测量负反馈放大器的 A_{Uf}，结果记入表 2-9 中。

✍ 检查评议

评分标准见表 2-10。

表 2-10 评分标准

序号	项目内容	评分标准	配分	扣分	得分
1	元器件安装	1. 元器件不按规定方式安装，扣10分 2. 元器件极性安装错误，扣10分 3. 布线不合理，扣10分	30分		

（续）

序号	项目内容	评分标准	配分	扣分	得分
2	焊接	1. 焊点有一处不合格，扣 2 分 2. 剪脚留头长度有一处不合格，扣 2 分	20 分		
3	测试	1. 关键点电位不正常，扣 10 分 2. 放大倍数测量错误，扣 10 分 3. 仪器仪表使用错误，扣 10 分	30 分		
4	安全文明操作	1. 不爱护仪器设备，扣 10 分 2. 不注意安全，扣 10 分	20 分		
5	合计		100 分		
6	时间	90min			

💡 注意事项

在测试基本放大器的电压放大倍数 A_U 时，一定要将 R_{10} 断开后分别并联在 R_4 和 R_L 上，否则将导致测量误差。

🔍 考证要点

知识点：放大电路引入负反馈的目的是改善放大电路的性能。负反馈改善放大电路性能的实质是由于负反馈具有自动调整作用。直流负反馈能稳定电路的静态工作点，交流负反馈能改善放大电路的动态性能。共集电极电路（射极输出器）是一个典型的电压串联负反馈电路。电路的特点是：电压放大倍数 $A_{Uf} \leq 1$，没有电压放大作用，只有电流放大作用，而且输入电压与输出电压相位相同；输入电阻高，输出电阻低。

试题精选：

（1）负反馈具有（ C ）的作用。

A. 提高输入电阻　　B. 降低输入电阻　　C. 自动调整　　D. 提高放大倍数

（2）要提高放大电路的带负载能力应引入（ B ）。

A. 电流负反馈　　B. 电压负反馈　　C. 串联反馈　　D. 并联反馈

（3）要改善放大电路的非线性失真应引入（ D ）。

A. 直流反馈　　B. 串联反馈　　C. 正反馈　　D. 交流负反馈

（4）射极输出器的电流放大倍数为（ D ）。

A. β　　B. 1　　C. ≤ 1　　D. $1 + \beta$

（5）射极输出器的电压放大倍数为（ C ）。

A. β　　B. 1　　C. ≤ 1　　D. $1 + \beta$

【练习题】

1. 填空题

（1）负反馈放大器是由（ ）和（ ）组成的。

（2）根据反馈极性分反馈有（ ）和（ ）两种。

（3）直流负反馈的作用是稳定（ ），交流负反馈的作用是改善放大器的（ ）。

（4）电压负反馈的作用是（　　　），电流负反馈的作用是（　　　）。

（5）串联负反馈的作用是提高（　　　），并联负反馈的作用是减小（　　　）。

（6）射极输出器具有输入电阻（　　　），输出电阻（　　　）的特点。

（7）射极输出器的电压放大倍数为（　　　），电流放大倍数为（　　　）。

（8）要提高放大电路的带负载能力应引入（　　　）负反馈，要减小放大电路对信号源的影响应引入（　　　）负反馈。

（9）负反馈（　　　）放大电路的非线性失真是通过负反馈的（　　　）作用实现的。

（10）反馈元件在（　　　）电路中与负载电阻接在同一点上，引入的反馈就是（　　　）反馈。

2. 判断题

（1）常用正反馈的方法来提高放大电路的放大倍数。（　　　）

（2）一般放大电路中常引入交流负反馈。（　　　）

（3）放大电路中引入电流负反馈能提高电路的带负载能力。（　　　）

（4）电压负反馈具有稳定输出电压的作用。（　　　）

（5）提高电路的带负载能力，可引入电压负反馈。（　　　）

（6）射极输出器常用在多级放大电路的输出级，以提高带负载能力。（　　　）

（7）射极输出器常用在多级放大电路的中间级，起隔离作用。（　　　）

（8）放大电路中引入正反馈能改善非线性失真。（　　　）

（9）放大电路中引入正反馈能提高电压放大倍数。（　　　）

（10）放大电路中引入直流反馈能稳定静态工作点。（　　　）

3. 选择题

（1）电压负反馈具有稳定（　　　）的作用。

A. 输出电压　　　B. 输入电压　　　C. 输出电流　　　D. 输入电流

（2）电流负反馈具有稳定（　　　）的作用。

A. 输出电流　　　B. 输入电流　　　C. 输出电压　　　D. 输入电压

（3）要提高放大电路的输出电阻应引入（　　　）。

A. 并联反馈　　　B. 电压反馈　　　C. 电流负反馈　　　D. 电压负反馈

（4）射极输出器具有（　　　）作用。

A. 提高输出电阻　　　　　　　　B. 降低输入电阻

C. 提高电压放大倍数　　　　　　D. 稳定输出电压

（5）要稳定输出电流提高输入电阻应引入（　　　）负反馈。

A. 电流串联　　　B. 电流并联　　　C. 电压串联　　　D. 电压并联

4. 简答题

（1）什么是反馈？反馈放大器由哪几部分组成？

（2）放大电路中引入负反馈有何作用？

（3）交流负反馈有几种类型？各有何作用？

（4）射极输出器有何特点？

5. 分析题

根据不同要求在图 2-8 所示电路中引入适当的反馈：

（1）要降低输入电阻稳定输出电流，应接 R_F 从_____到_____。

（2）要提高输入电阻稳定输出电压，应接 R_F 从_____到_____。

（3）提高电路的带负载能力并降低输出级的输入电阻，应接 R_F 从_____到_____。

（4）要稳定第一级的输出电压，应接 R_F 从_____到_____。

任务3　功率放大电路的装配与调试

🥕 任务描述

本任务主要介绍 OTL 和 OCL 互补对称功率放大电路的组成及工作原理。通过装配与调试一个 OTL 功率放大电路，掌握电路的调试方法，电路参数对输出功率的影响和提高输出功率的方法，并能独立排除调试过程中电路出现的故障。

👉 任务分析

本任务要求根据电路原理图，按工艺要求装配与调试电路。通过调整电位器 RP_1 使 $U_A = 2.5V$，调整电位器 RP_2 克服交越失真，使 $I_{C2} = I_{C3} = 5 \sim 10\text{mA}$，输出功率 $P_o = 300\text{mW}$，并通过电路调试掌握故障排除方法。其电路原理图如图 2-13 所示。

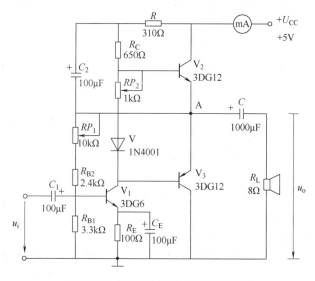

图 2-13　OTL 功率放大电路原理图

📖 相关知识

1. 功率放大电路的主要功能

实现信号功率放大的电路称为功率放大电路，又称为功率放大器（简称功放）。它的作用主要是高效率地向负载输出最大的不失真功率。

2. 对功率放大器的要求

（1）输出功率足够大　为获得足够大的输出功率，要求功放管（大功率晶体管）的电压和电流都有足够大的输出幅度，因此晶体管往往在接近极限状态下工作。在选择功放管时应特别注意极限参数的选择，以保证晶体管安全工作。

（2）非线性失真要小　由于功率放大器的电压和电流变化范围很大，使得功放管容易进入非线性区产生非线性失真，所以在使用中要采取措施减少失真，使之满足负载的要求。

（3）效率要高　由于输出功率大，直流电源消耗的功率也大，这就要求直流电能转换成为信号电能时的效率要高。

（4）晶体管的散热问题　功率放大器中的功放管有相当大的功率消耗在晶体管的集电结上，使结温和管壳温度升高。因此，功放管要满足散热要求，以防损坏功放管。

3. 互补对称功率放大器

（1）放大电路的三种放大状态（见图2-14）　功率放大器的类型很多，目前广泛采用乙类（或甲乙类）互补对称功率放大器。放大电路按晶体管在一个信号周期内导通时间的不同，可分为甲类、乙类以及甲乙类放大。在整个输入信号周期内，晶体管都有电流流通的，称为甲类放大，如图2-14a所示，此时晶体管的静态工作点电流 I_{CQ} 比较大；在一个周期内，晶体管只有半个周期有电流流通的，称为乙类放大，如图2-14b所示；若一个周期内晶体管有半个多周期（小于2/3周期）内有电流流通，则称为甲乙类放大，如图2-14c所示。

甲类放大的优点是波形失真小，但由于静态电流大故管耗大，放大电路效率低，所以它主要用于小信号电压放大电路中。

乙类与甲乙类放大由于管耗小，放大电路效率高，所以在功率放大电路中获得广泛应用。由于乙类与甲乙类放大输出波形失真严重，所以在实际电路中均采用两管轮流导通的推挽电路来减小失真。

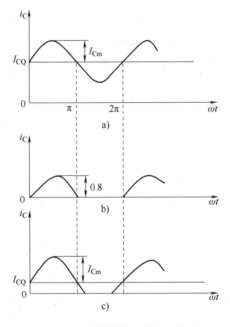

图2-14　放大器的三种放大状态

a）甲类　b）乙类　c）甲乙类

（2）乙类双电源互补对称功率放大器（简称OCL功率放大电路）　OCL功率放大电路如图2-15所示，它由特性一致的NPN型和PNP型晶体管 V_1、V_2 组成。两管基极连在一起接输入信号，两管发射极连在一起接负载 R_L。两管均工作在乙类状态下。

静态时，$I_{BQ}=0$，$I_{CQ}=0$，晶体管无静态电流而截止，因而无损耗。由于电路对称，发射极电位 $U_E=0$，所以 R_L 中无电流。动态时，设输入正弦信号 u_i。在输入信号 u_i 的正半周，V_1 导通、V_2 截止，V_1 与 R_L 组成射极输出器，在 R_L 上输出电流 i_{C1}，其方向如图2-15中实线所示；在输入信号的负半周，V_1 截止、V_2 导通，V_2 与 R_L 组成射极输出器，在 R_L 上输出电流 i_{C2}，其方向如图 2-15 中虚线所示。这样，两个晶体管在正、负半周交替工作，在负载上合成一个完整的正弦电流。由于这种电路是两管相互补充对方的不足，工作时性能对称，所以常称为互补对称电路。

（3）甲乙类双电源互补对称功率放大器 乙类放大电路静态时，$I_{CQ}=0$，效率较高。但有信号输入时，必须要求信号电压幅值大于晶体管死区电压时晶体管才能导通。显然在死区范围是无电压输出的。在输出波形正、负半周交界处造成失真，这种失真称为交越失真，如图 2-16 所示。

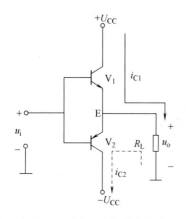

图 2-15　OCL 功率放大电路

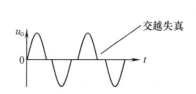

图 2-16　交越失真

为了克服交越失真，也需要给功放管加上较小的偏置电流，使其工作在甲乙类状态。常见的利用两个二极管的正向压降给两个功放互补管提供正向偏压的电路，如图 2-17 所示。图中 V_3 为前置级（偏置电路未画出）。静态时，由于电路对称，V_1、V_2 两管静态电流相等，所以负载 R_L 上无静态电流通过，输出电压 $u_o=0$。当有信号时，就可使放大器的输出在零点附近仍能基本上得到线性放大，从而克服了交越失真。

（4）单电源互补对称功率放大器（简称 OTL 功率放大电路） 如图 2-18 所示，与双电源互补对称功率放大器相比，它省去了负电源，输出端加上了一个耦合电容 C。静态时，耦合电容 C 上充有左正右负的直流电压 $U_C=U_{CC}/2$，相当一个直流电源。这样静态时晶体管发射极电位为电源电压的 $1/2$，使得 V_1 集电极与发射极之间的直流电压为 $+U_{CC}/2$，V_2 集电极与发射极之间的直流电压为 $-U_{CC}/2$。从这一点讲，单电源互补对称功率

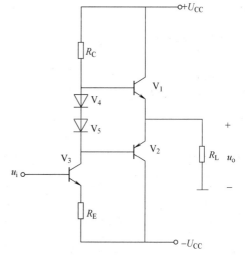

图 2-17　实用 OCL 电路

放大器还是一个双电源互补对称功率放大器，只不过是利用耦合电容 C 替代负电源而已。

该电路的工作原理与双电源乙类互补对称功率放大器的工作原理相似，输入信号 u_i 在正半周时，V_1 导通、V_2 截止，V_1 的集电极电流 i_{C1} 由 $+U_{CC}$ 经 V_1 和电容 C 流到 R_L，使其获得正

半周输出信号。

在 u_i 负半周时，V_1 截止、V_2 导通，V_2 的集电极电流 i_{C2} 由电容 C 正极流出，经 V_2 流到 R_L，最后回到电容 C 的负极，使负载获得负半周输出信号。两只晶体用射极输出形式轮流放大正、负半周信号，实现双向跟随放大。

这种电路由于工作在乙类放大状态，不可避免地存在着交越失真。为克服这一缺点，多采用工作在甲乙类放大状态的实用 OTL 电路，如图 2-19 所示。

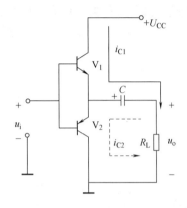

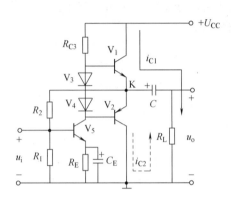

图 2-18　单电源互补对称放大　　　　　图 2-19　实用 OTL 电路
器的基本电路

电路中利用两个二极管 V_3、V_4 的正向电压降，给两个功放互补管 V_1、V_2 提供正向偏置电压，V_5 为前置级（偏置电路未画出）。静态时，由于电路对称，V_1、V_2 两管静态电流相等，因而负载 R_L 上无静态电流通过，输出电压 $u_o = 0$。这样，当有信号时，就可使放大器的输出在零点附近仍能基本上得到线性放大，克服了交越失真。

✏ 任务准备

准备所需仪表、工具：常用电子组装工具一套、双通道示波器一台、直流稳压电源一台、低频信号发生器一台、毫伏表一只、直流毫安表一只和万用表一只。电子元器件及材料见表 2-11。

表 2-11　电子元器件及材料

代　号	名　称	规　格	代　号	名　称	规　格
R	碳膜电阻器	310Ω	V_2	晶体管	3DG12
R_C	碳膜电阻器	650Ω	V_3	晶体管	3DG12
R_{B1}	碳膜电阻器	3.3kΩ	C	电解电容器	1000μF/16V
R_{B2}	碳膜电阻器	2.4kΩ	C_1	电解电容器	10μF/16V
RP_1	电位器	10kΩ	C_2	电解电容器	100μF/16V
RP_2	电位器	1kΩ	C_E	电解电容器	100μF/16V
R_L	碳膜电阻器	8Ω		万能电路板	
R_E	碳膜电阻器	100Ω		φ0.8mm 镀锡铜丝	
V	二极管	1N4001		焊料、助焊剂	
V_1	晶体管	3DG6		多股软导线 400mm	

✔ 任务实施

1. 检测与筛选元器件

对电路中使用的元器件进行检测与筛选。

2. 装配电路

按照电路原理图（见图 2-13）装配电路，装配工艺要求为：
1）电阻器均采用水平安装，要求贴紧电路板，电阻器的色环方向应一致。
2）电解电容器采用垂直安装，电容器底部应贴近电路板，并注意正、负极性应正确。
3）晶体管采用垂直安装，底部离开电路板 5mm，注意引脚应正确。
4）布线正确，焊点合格，无漏焊、虚焊、短路现象。

3. 自检

装配完成后应首先进行自检，正确无误后才能进行调试。

（1）焊接检查　焊接结束后，首先检查电路有无漏焊、错焊、虚焊等问题。检查时可用尖嘴钳或镊子将每个元器件拉一拉，看有无松动，如果发现有松动现象，应重新焊接。

（2）元器件检查　检查各元器件引脚之间有无短路，晶体管引脚有无接错，二极管、电容极性有无接反等问题。

（3）接线检查　对照电路原理图检查接线是否正确，有无接错现象，若发现问题及时纠正。

短路检查时，可借助指针式万用表"$R \times 1$"挡或数字式万用表"Ω"挡的蜂鸣器来测量。测量时应直接测量元器件引脚，这样可以同时发现接触不良的地方。

4. 电路调试

（1）静态工作点的调试　电源进线中串入直流毫安表，电位器 RP_2 置最小值，RP_1 置中间位置。接通 +5V 电源，观察毫安表指示，同时用手触摸输出级晶体管，若电流过大或晶体管温升显著，应立即断开电源检查原因并进行排除。无异常现象，可开始调试。

1）调节输出端中点电位 U_A。调节电位器 RP_1，用万用表直流电压挡测量 A 点电位，使 $U_A = 1/2 U_{CC}$。

2）调整输出级静态电流并测量各级静态工作点。调节 RP_2，使 V_2、V_3 的集电极电流 $I_{C2} = I_{C3} = 5 \sim 10\text{mA}$。从减小交越失真角度，应适当加大输出级静态电流，但该电流过大会使效率降低，所以一般以 $5 \sim 10\text{mA}$ 为宜。

3）测量各级静态工作点，记入表 2-12 中。

表 2-12　放大电路中静态工作点的测量（$I_{C2} = I_{C3}$ 取适当值，$U_A = 2.5\text{V}$）

	V_1	V_2	V_3
U_B/V			
U_C/V			
U_E/V			

（2）最大输出功率 P_{om} 和效率 η 的测试

1）测量最大输出功率 P_{om}。输入端接 $f=1\text{kHz}$ 的正弦信号 u_i，输出端用示波器观察输出电压 u_o 波形。逐渐增大 u_i，使输出电压达到最大不失真输出，用交流毫伏表测出负载 R_L 上的电压 U_{om}，则

$$P_{om}=\frac{U_{om}^2}{2R_L}\approx\frac{(U_{CC}/2)^2}{2R_L}=\frac{U_{CC}^2}{8R_L}$$

2）测量效率 η。当输出电压为最大不失真输出时，读出直流毫安表的电流值，此电流即为直流电源供给的平均电流 I_{dc}，由此可近似求得直流电源输出的直流功率 $P_E=U_{CC}I_{dc}$，再根据上面测得的最大输出功率 P_{om}，即可求出电路的效率 $\eta=\dfrac{P_{om}}{P_E}$。

将 U_{om}、I_{dc}、P_{om}、P_E、η 测量值填入表2-13中。

表2-13　输出功率及效率测量值

R_L/Ω	U_{om}/V	I_{dc}/mA	P_{om}/mW	P_E/mW	η

✍ 检查评议

评分标准见表2-14。

表2-14　评分标准

序号	项目内容	评分标准	配分	扣分	得分
1	元器件安装	1. 元器件不按规定方式安装，扣10分 2. 元器件极性安装错误，扣10分 3. 布线不合理，扣10分	30分		
2	焊接	1. 焊点有一处不合格，扣2分 2. 剪脚留头长度有一处不合格，扣2分	20分		
3	测试	1. 关键点电位不正常，扣10分 2. 静态工作点测量错误，扣10分 3. 仪器仪表使用错误，扣10分	30分		
4	安全文明操作	1. 不爱护仪器设备，扣10分 2. 不注意安全，扣10分	20分		
5	合计		100分		
6	时间	90min			

💡 注意事项

1）测试静态工作点时，若毫安表指示值过大或晶体管温升显著，则可检查 RP_2 是否开路，电路是否有自激现象，输出管性能是否良好等，若有故障应进行排除。

2）在调整 RP_2 时，要注意旋转方向，不要调得过大，更不能开路，以免损坏输出管。

知识扩展

1. LM386 通用型集成功率放大器引脚排列及其应用

LM386 通用型集成功率放大器是低电压集成功率放大器，适用的电压范围为 4～16V。
功耗低（常温下为 660mW），使用时不需加散热片，调整也比较
方便。它广泛应用于收音机、对讲机、方波发生器、光控继电器
等设备中。

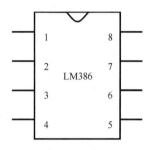

LM386 外形采用双列直插式塑封结构，引脚排列如图 2-20
所示。其中，1 脚和 8 脚为增益设定端。当 1 脚和 8 脚断开时，
放大倍数为 20 倍；若在 1 脚和 8 脚间接入旁路电容，则放大倍数
可升至 200 倍；若在 1 脚和 8 脚之间接入 RC 串联网络，其放大
倍数可在 20～200 之间任意调整。2 脚为反相输入端，3 脚为同
相输入端，4 脚为地端，5 脚为输出端，6 脚为正电源端，7 脚为
去耦端（使用时应接容量较大电容）。

图 2-20　LM386 外形及
引脚排列

2. LM386 应用实例

图 2-21 所示为由 LM386 组成的 OTL 功放电路，图中 RP_1 用来调节增益，RP_2 用来调节
音量，C_1 为外接电容，C_2 为去耦电容，R_1C_3 构成消振电路，C_4 为输出耦合电容。

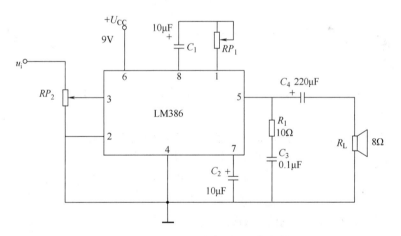

图 2-21　LM386 组成的 OTL 功放电路

考证要点

知识点：放大电路按晶体管在一个信号周期内导通时间的不同，可分为甲类、乙类以
及甲乙类放大。其中，甲类放大功放管的导通角 $\theta = 360°$，乙类放大功放管的导通角 $\theta =
180°$，甲乙类放大功放管的导通角 $180° < \theta < 240°$。功率放大电路主要是为了高效率地输
出最大功率，所以一般都采用甲乙类放大。

试题精选：

（1）乙类放大功放管的导通角为（ B ）。

A. 360°   B. 180°   C. 270°   D. 90°

（2）甲乙类放大功放管的导通角为（ D ）。

A. 360°   B. 180°   C. 270°   D. $180° < \theta < 240°$

（3）甲类放大功放管的导通角为（ A ）。

A. 360°   B. 180°   C. 270°   D. $180° < \theta < 240°$

【练习题】

1. 填空题

（1）互补对称功率放大器的电压放大倍数等于（   ），电流放大倍数等于（   ）。

（2）功率放大器的功放管为（   ）功率管，消耗在集电结上的功率（   ）。

（3）互补对称功率放大器中 V_1 为（   ）管，V_2 为（   ）管。

（4）乙类互补对称功率放大器中晶体管的导通角为（   ），工作中将产生（   ）失真。

（5）互补对称功率放大器中功放管的发射结应（   ）偏置，集电结应（   ）偏置。

（6）功率放大器的前置级放大器应工作在（   ）放大状态，实现（   ）放大。

（7）LM386 集成功放电路 3 脚为（   ），2 脚为（   ）。

（8）LM386 集成功放电路 5 脚为（   ），6 脚为（   ）。

（9）单电源互补对称功率放大器中两个功放管的参数应（   ），两个功放管的发射极电位应为（   ）。

（10）在 OTL 功率放大器实训电路中 RP_2 不能（   ），以免（   ）输出管。

2. 判断题

（1）能输出较大功率的放大器称为功率放大器。（   ）

（2）在输出波形正、负半周交替过零处出现非线性失真，又称为交越失真。（   ）

（3）功率放大器只放大功率。（   ）

（4）静态情况下，乙类互补功率放大器电源消耗的功率最大。（   ）

（5）功率放大器中功放管常常处于极限工作状态。（   ）

（6）LM386 集成功率放大器，当 1 脚和 8 脚断开时，放大倍数为 20 倍。（   ）

（7）工作在甲乙类的放大器能克服交越失真。（   ）

（8）功率放大器既能放大电流又能放大电压。（   ）

（9）功率放大器输出波形允许有一定的失真。（   ）

（10）功率放大器的静态电流越大越好。（   ）

3. 选择题

（1）功率放大器的作用是（   ）。

A. 输出较大功率   B. 输出较大电压

C. 实现电压放大   D. 提高输出电阻

（2）乙类放大效率（   ）。

A. 最低   B. 居中   C. 最高   D. 不存在

（3）双电源互补对称功放电路中两个功放管的发射极电位为（   ）。

A. $U_{CC}/2$　　　　　B. U_{CC}　　　　　C. 0　　　　　D. $U_{CC}/3$

（4）LM386 集成功率放大器中，当 1 脚和 8 脚接入电容时，其放大倍数为（　　）。

A. 20 倍　　　　　B. 40 倍　　　　　C. 100 倍　　　　　D. 200 倍

（5）静态时，单电源互补对称功放电路中输出电容上的电压为（　　）。

A. $U_{CC}/2$　　　　　B. U_{CC}　　　　　C. 0　　　　　D. $U_{CC}/3$

（6）LM386 集成功率放大器的电压适用范围为（　　）。

A. 4～16V　　　　　B. 10～30V　　　　　C. 5～20V　　　　　D. 4～8V

（7）单电源互补对称功放电路中每个功放管的工作电压是（　　）。

A. 8V　　　　　B. $U_{CC}/2$　　　　　C. U_{CC}　　　　　D. 5V

（8）互补对称功放电路中两个功放管基极之间若只接二极管，则至少需（　　）。

A. 1 个　　　　　B. 2 个　　　　　C. 3 个　　　　　D. 4 个

4. 简答题

（1）对功率放大器的主要要求是什么？

（2）何为乙类放大器？

（3）何为甲乙类放大器？

任务4　扩音器的装配与调试

🥕 任务描述

本任务要求能运用已学知识，分析扩音器的组成及各部分的作用，能独立按工艺要求进行电路装配与调试。通过电路的装配与调试，掌握多级放大电路各级静态工作点的设置与调试方法，元器件的布局原则和整机的布线与接地方式，能独立排除调试过程中出现的故障。

👉 任务分析

本任务要求根据扩音器电路原理图，按工艺要求装配与调试电路，通过调整输入级的偏置电阻 $R_1 \sim R_5$ 的阻值，使输入级的静态集电极电流 $I_{C1Q} = 1 \sim 2\text{mA}$；调整中间级的偏置电阻 $R_6 \sim R_9$，使中间级的静态集电极电流 $I_{C2Q} = 2 \sim 3\text{mA}$；调整输出级的电位器 RP_2，使输出级的静态集电极电流 $I_{C4Q} = I_{C5Q} = 5 \sim 10\text{mA}$，输出功率 $P_o = 300\text{mW}$，其整机电路原理图如图 2-22 所示。

📖 相关知识

1. 扩音器的组成及各部分的作用

扩音器主要用于教学、导游、解说、促销、演讲等方面进行语言信息的传送，实现扩音。其组成框图如图 2-23 所示。

各组成部分的作用如下：

（1）传声器（信号源）　将人讲话的声音信号转换成电信号。

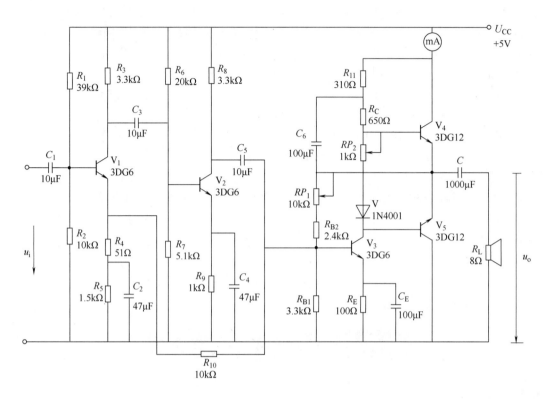

图 2-22 扩音器整机电路原理图

图 2-23 扩音器的组成框图

（2）输入级 它负责从信号源接受微弱的电信号。输入级是第一级放大器，首先要求它的输入电阻应与信号源相匹配。如果信号源给不出较大的电流，或者需要较高负载电阻与之相匹配时，则要求输入级具有较高的输入电阻（几百千欧至几兆欧）。如果信号源是低阻输出，则输入级的输入电阻应保持相应的低阻值（75Ω 或 150Ω）。另外，输入级对全电路的噪声影响最大，特别是高放大倍数的放大器，输入级产生的噪声将和信号一起被放大，很容易使放大器无法正常工作。因此，要求其噪声要低，输入级一般采用共集电极放大电路。

（3）中间级 主要完成电压放大的任务。一般要求具有较高的电压放大倍数，且工作稳定。为了获得较高的电压放大倍数，中间级多采用共发射极放大电路。

（4）输出级（又称为功率放大级） 它主要完成功率放大的任务。输出级直接和负载相连，要向负载提供足够大的信号功率，以满足负载的功率要求，保证负载正常工作。输出级多采用互补推挽功率放大器（OTL 或 OCL 功率放大器）。

（5）扬声器（负载） 将电信号转换成声音信号。

2. 电子元器件的布置原则

电子元器件的布置不仅要考虑便于调整、检修和使用，而且要注意防止元器件之间相互的影响和干扰，以保证电路能正常工作。通常电子元器件的布置原则是：

1）相互有影响或干扰的元器件应尽可能分开或屏蔽。如 220V 电源变压器应尽量屏蔽，输入级的输入信号线采用屏蔽线，输出级和输入级之间要彼此安排远一些，直流电源引线较长时，应加接滤波电路，防止 50Hz 交流干扰等。

2）发热部件应当远离电子元器件，尽量靠近外壳安置，并在外壳上开凿通风孔以利于散热。大功率管及散热片可直接固定在外壳上。

3）电路板的装接方法和元器件的位置要便于调试、测量和检修。

3. 防止电磁干扰的措施

电子装置中一般都有电源变压器和整流滤波电路，以便将交流电变换成所需的直流电。变压器和整流滤波电路往往是对电路影响最大的干扰源，必须设法减小这些干扰。

（1）电源变压器的选择和安装

1）选择电源变压器时，功率储备不宜过大。在保证电路需要的前提下，适当减小变压器的体积，以减小漏磁影响。

2）电源变压器应尽量远离输入级。安装时应该用绝缘垫片将变压器固定在底板上。

3）为了防止变压器漏磁通的影响，还可以将变压器屏蔽起来。

（2）多级放大电路输入级的安装

1）输入信号线的选择。多级放大电路输入级输入信号电压较低，易受外界电磁场的干扰。因此，输入信号的引线除需采用屏蔽线之外，引线越短越好。

2）输入端电位器外壳和轴柄应当良好接地。输入级工作电压较低，易受空间电磁场的干扰。因此既要将电位器的外壳接地，又要把轴柄接地，保证良好屏蔽，免除外界干扰。

4. 整机的布线与接地

布线与接地问题是影响电路性能的重要因素之一，电路产生自激振荡，往往是由于布线不合理所致。

（1）合理布置接地线　在电子设备中的地线，一般指电路的公共参考点。这个参考点位置的选择十分重要，如果选择不合理就会给电路带来危害。

一般多级放大电路为避免地电流干扰和寄生反馈影响，多采用并联接地，如图 2-24 所示。

（2）输出级和输入级不共用一条地线　输入信号的"地"应就近接在输入放大器的公共端，不要和其他地方的地线相连。

（3）去耦电容地线的设置　各种高频和低频去耦电容的地端应尽量远离输入级的接地点，可靠近输出级的接地端。

（4）整流滤波电路的布线　整流滤波电路中的滤波电容主要是为减小脉动电流，滤除纹波干扰而设置的，但是如果布线不合理，即使使用大容量电容滤波，也不会收到良好效果。正确接线如图2-25所示。

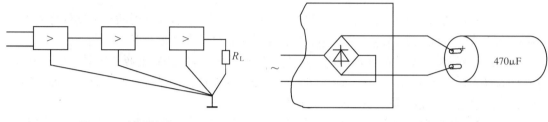

图2-24　并联接地　　　　　　　　　　图2-25　正确接线

✎ 任务准备

准备所需仪表、工具：常用电子组装工具一套、双通道示波器一台、直流稳压电源一台、低频信号发生器一台、毫伏表一只、直流毫安表一只、万用表一只。所需电子元器件及材料见表2-15。

表2-15　电子元器件及材料

代　号	名　　称	规　格	代　号	名　　称	规　格
R_1	碳膜电阻器	39kΩ	C_1	电解电容器	10μF/16V
R_2	碳膜电阻器	10kΩ	C_2	电解电容器	47μF/16V
R_3	碳膜电阻器	3.3kΩ	C_3	电解电容器	10μF/16V
R_4	碳膜电阻器	51Ω	C_4	电解电容器	47μF/16V
R_5	碳膜电阻器	1.5kΩ	C_5	电解电容器	10μF/16V
R_6	碳膜电阻器	20kΩ	C_6	电解电容器	100μF/16V
R_7	碳膜电阻器	5.1kΩ	C_E	电解电容器	100μF/16V
R_8	碳膜电阻器	3.3kΩ	C	电解电容器	1000μF/16V
R_9	碳膜电阻器	1kΩ	V	二极管	1N4001
R_{10}	碳膜电阻器	10kΩ	V_1	晶体管	3DG6
R_{11}	碳膜电阻器	310Ω	V_2	晶体管	3DG6
R_C	碳膜电阻器	650Ω	V_3	晶体管	3DG6
R_{B1}	碳膜电阻器	3.3kΩ	V_4	晶体管	3DG12
R_{B2}	碳膜电阻器	2.4kΩ	V_5	晶体管	3DG12
RP_1	电位器	10kΩ		万能电路板	
RP_2	电位器	1kΩ		φ0.8mm 镀锡铜丝	
R_E	碳膜电阻器	100Ω		焊料、助焊剂	
R_L	扬声器	8Ω/0.25W		多股软导线 400mm	

✔ 任务实施

1. 检测与筛选元器件

对电路中使用的元器件进行检测与筛选。

2. 装配电路

按照电路原理图（见图 2-22）装配电路，装配工艺要求为：

1）电阻器均采用水平安装，要求贴紧电路板，电阻器的色环方向应一致。

2）电解电容器采用垂直安装，电容器底部应贴近电路板，并注意正、负极性应正确。

3）晶体管采用垂直安装，底部离开电路板 5mm，注意引脚应正确。

4）布线正确，焊点合格，无漏焊、虚焊、短路现象。

3. 自检

装配完成后应首先进行自检，正确无误后才能进行调试。

（1）焊接检查　焊接结束后，首先检查电路有无漏焊、错焊、虚焊等问题。检查时可用尖嘴钳或镊子将每个元器件拉一拉，看有无松动，如果发现有松动现象，应重新焊接。

（2）元器件检查　检查各元器件引脚之间有无短路，晶体管引脚有无接错，二极管、电容极性有无接反等问题。

（3）接线检查　对照电路原理图，检查接线是否正确，有无接错现象，发现问题及时纠正。

短路检查时，可借助指针式万用表"$R \times 1$"挡或数字式万用表"Ω"挡的蜂鸣器来测量。测量时应直接测量元器件引脚，这样可以同时发现接触不良的地方。

4. 扩音器整机电路调试及检测

扩音器整机电路实际上是一个多级放大电路，如图 2-22 所示。它由输入级、中间级和输出级组成。其中，输入级和中间级实现电压放大；输出级由前置级和功放级组成，实现功率放大。

（1）静态调试

1）输入级的静态调试。输入级和中间级是一个阻容耦合小信号放大器，各级静态工作点独立互不影响。因此，可分别对输入级和中间级进行单独调试。

输入级是多级放大器的第一级，负责从信号源或传感器接收微弱的电信号。由于输入信号比较小，放大后的输出电压也不大，所以对于输入级，失真度和输出幅度的要求比较容易实现。主要应考虑如何减小噪声，因为输入级的噪声将随信号一起被逐级放大，对整机的噪声指标影响较大，所以静态电流不能太大，可将其集电极电流调整为 $1 \sim 2\text{mA}$。

2）中间级的静态调试。中间级主要实现小信号电压放大，一般容易满足动态范围的要求，工作点的选择应兼顾电压放大倍数和噪声系数的要求。因此，可将其集电极电流调整为 $2 \sim 3\text{mA}$。

3）输出级静态调试。输出级主要实现功率放大，是大信号工作状态。从减小交越失真角度看，应适当加大输出级静态电流，但该电流过大，会使效率降低，所以一般以 $5 \sim 10\text{mA}$ 为宜。因此，可将其集电极电流调整为 $5 \sim 10\text{mA}$。

（2）动态调试

1）输入级和中间级的动态调试与单元 2 任务 2 中电路调试第 5）、6）步相同，参见单元2任务2。

2）输出级的动态调试与单元2任务3中电路调试第（2）步相同，参见单元2任务3。

✍ 检查评议

评分标准见表2-16。

表2-16 评分标准

序号	项目内容	评分标准	配分	扣分	得分
1	元器件安装	1. 元器件不按规定方式安装，扣10分 2. 元器件极性安装错误，扣10分 3. 布线不合理，扣10分	30分		
2	焊接	1. 焊点有一处不合格，扣2分 2. 剪脚留头长度有一处不合格，扣2分	20分		
3	测试	1. 关键点电位不正常，扣10分 2. 放大倍数测量错误，扣10分 3. 仪器仪表使用错误，扣10分	30分		
4	安全文明操作	1. 不爱护仪器设备，扣10分 2. 不注意安全，扣10分	20分		
5	合计		100分		
6	时间	360min			

💡 注意事项

1）测试中如果输出信号正、负半周正弦波不对称，则功放管 β 不对称，输出电压也将发生偏移，应更换 β 对称的功放管。

2）如果输入信号较小时，输出正弦波的波形对称，在输入信号增大到一定值时，若某个半周出现削顶失真，则两个晶体管饱和电压降不对称，应更换晶体管。

3）扩音器接通电源后，若扬声器中有广播电台的声音，则应在放大器的输入端与地之间接一电容，其容量为 $0.01\mu F$；也可由实验确定。

📖 考证要点

知识点：多级放大电路一般由输入级、中间级和输出级组成。阻容耦合多级放大电路中各级静态工作点相互独立、互不影响，且调整方便。输入级晶体管静态集电极电流一般调整为 $1\sim2mA$，中间级晶体管静态集电极电流一般调整为 $2\sim3mA$，输出级晶体管静态集电极电流一般调整为 $5\sim10mA$。多级放大电路总的电压放大倍数为各级放大电路电压放大倍数之积。

试题精选：

（1）大信号放大电路，静态工作点的电流一般取（ D ）。

A. $I_{CQ} = 2 \sim 4\text{mA}$　　　　　　　B. $I_{CQ} = 1 \sim 3\text{mA}$

C. $I_{CQ} = 3 \sim 5\text{mA}$　　　　　　　D. $I_{CQ} = 5 \sim 10\text{mA}$

（2）阻容耦合多级放大电路静态工作点（　A　）。

A. 相互独立　　　　B. 相互影响　　　　C. 调整困难　　　　D. 不用调整

（3）在多级放大电路的级间耦合中，低频电压放大电路主要采用（　A　）耦合方式。

A. 阻容　　　　　　B. 直接　　　　　　C. 变压器　　　　　D. 电感

【练习题】

1. 一般多级放大电路为避免接地电流干扰影响，应如何安排地线？

2. 扩音器整机电路由几部分组成？各部分有什么作用？

单元3

集成运算放大器

3

本单元主要介绍理想集成运算放大器及其特性，要求掌握集成运算放大器构成的信号运算电路和信号发生器电路的分析、装配与调试。

任务1 信号运算电路的装配与调试

任务描述

本任务主要介绍理想集成运算放大器及其特性，比例运算、加减运算电路的组成及工作原理分析，比例运算电路的装配与调试方法，并能独立排除调试过程中出现的故障。

任务分析

本任务要求根据电路原理图，按工艺要求装配与调试电路。通过比例运算电路的装配与调试，掌握信号运算电路的特点、各元器件的作用和元器件参数对电路性能的影响。比例运算应用电路原理图如图3-1所示。

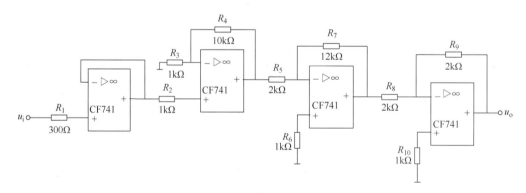

图 3-1 比例运算应用电路原理图

相关知识

1. 集成运算放大器的基本概念

（1）集成运算放大器的组成及电路符号 集成运算放大器（简称集成运放）是一个具有较高放大倍数的直接耦合的多级放大器。由于初期的运算放大器主要用于各种数学运算

（如加法、减法、乘法、除法、积分、微分等），所以至今仍保留这个名称。随着电子技术的飞速发展，集成运放的各项性能不断提高，因而应用领域日益扩大，已远远超出了数学运算领域，在计算机技术与自动控制、测量、仪表、无线电技术等诸多领域中，集成运放都得到了广泛应用。

集成运放的外形和电路符号如图 3-2 所示。它有两个输入端：一个为同相输入端，另一个为反相输入端，在符号图中分别用"＋""－"表示；有一个输出端以及电源端等。所谓同相输入端是指反相输入端接地，输入信号加到同相输入端，则此时的输出信号和输入信号极性相同；所谓反相输入端是指同相输入端接地，输入信号加到反相输入端，则此时的输出信号和输入信号极性相反。

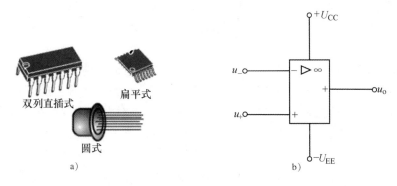

图 3-2　集成运放的外形与电路符号

a）外形　b）电路符号

电路符号中的"▷"表示信号的传输方向，"∞"表示在理想条件下开环放大倍数为无限大。

集成运放的外引脚排列因型号而异，使用时应参考产品手册。CF741 与 LM324 都是双列直插式的，其引脚排列如图 3-3 所示。其中，LM324 是由四个独立的通用型集成运放集成在一起所组成的。

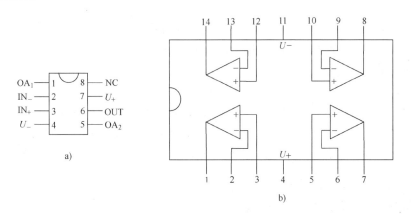

图 3-3　集成运放的引脚排列

a）CF741　b）LM324

（2）集成运放的主要技术指标　它是选择和使用集成运放的依据，了解各项技术指标的含义，对于正确选择和使用集成运放是非常必要的。

1) 开环差模电压放大倍数 A_{od}。A_{od} 是集成运放在开环时（无外加反馈时）输出电压与输入差模信号电压的比值，常用分贝（dB）表示。这个值越大越好，目前最高的可达 140dB（10^7 倍）以上。

2) 输入失调电压 U_{os} 及其温漂 dU_{os}/dt。理想情况下，集成运放的输入级完全对称，能够达到输入电压为零时输出电压亦为零。然而实际上并非如此理想，当输入电压为零时输出电压并不为零，若在输入端外加一个适当的补偿电压使输出电压为零，则外加的这个补偿电压称为输入失调电压 U_{os}。U_{os} 越小越好，高质量的集成运放可达 1mV 以下。

另外，U_{os} 的大小还受温度的影响。因此，将输入失调电压对温度的变化率 dU_{os}/dt 称为输入失调电压的温漂（或温度系数），用来表征 U_{os} 受温度变化的影响程度，单位为 μV/℃。一般集成运放的输入失调电压温漂为 1~50μV/℃，高质量的可达 0.5μV/℃ 以下。显然，这项指标值越小越好。

3) 输入失调电流 I_{os} 及其温漂 dI_{os}/dt。I_{os} 用来表征输入级两输入端的输入电流不对称所造成的影响。由于静态时两输入电流不对称，而造成输出电压不为零，所以 I_{os} 越小越好。

另外，I_{os} 的大小还受温度的影响。规定输入失调电流对温度的变化率 dI_{os}/dt 为输入失调电流的温漂（或温度系数），用来表征 I_{os} 受温度变化的影响程度，单位为 nA/℃。一般集成运放的输入失调电流温漂为 1~5nA/℃，高质量的可达 pA/℃ 数量级。

4) 输入偏置电流 I_B。I_B 为常温下输入信号为零时，两输入端静态电流的平均值，即 $I_B=(I_{B1}+I_{B2})/2$。它是衡量输入端输入电流绝对值大小的标志。I_B 太大，不仅在不同信号源内阻的情况下对静态工作点有较大影响，而且也影响温漂和运算精度。I_B 一般为几百纳安，高质量的为几纳安。

5) 差模输入电阻 r_{id}。r_{id} 是集成运放两输入端之间的动态电阻，以 $r_{id}=\Delta u_{id}/\Delta i_i$ 表示。它是衡量两输入端从输入信号源索取电流大小的标志，一般为 MΩ 数量级，高质量的可达 10^6MΩ。

6) 输出电阻 r_o。r_o 是集成运放开环工作时，从输出端向里看进去的等效电阻。其值越小，说明集成运放带负载的能力越强。

7) 共模抑制比 KCMR。KCMR 是差模电压放大倍数与共模电压放大倍数之比，即 KCMR $=|A_{od}/A_{oc}|$。若以分贝表示，则 KCMR $=20\lg|A_{od}/A_{oc}|$。该值越大越好，一般为 80~100dB，高质量的可达 160dB。

8) 最大差模输入电压 U_{idm}。U_{idm} 是指同相输入端和反相输入端之间所能承受的最大电压值。所加电压若超过此值，则可能使输入级的晶体管反向击穿而损坏。

9) 最大共模输入电压 U_{icm}。U_{icm} 是集成运放在线性工作范围内所能承受的最大共模输入电压。若超过这个值，则集成运放会出现 KCMR 下降，失去差模放大能力等问题。高质量的可达正、负十几伏。

2. 理想集成运放及其分析方法

在分析集成运放组成的各种电路时，将实际集成运放作为理想运放来处理，并分清它的工作状态是线性区还是非线性区，是十分重要的。

(1) 理想集成运算放大器　理想运算放大器满足以下各项技术指标：

1）开环差模电压放大倍数 $A_{od} = \infty$ 。

2）输入电阻 $r_{id} = \infty$ 。

3）输出电阻 $r_{od} = 0$ 。

4）共模抑制比 KCMR $= \infty$ 。

5）失调电压、失调电流以及它们的温漂均为 0 。

6）带宽 $f_h = \infty$ 。

尽管真正的理想运算放大器并不存在，然而实际集成运放的各项技术指标与理想运放的指标非常接近，差距很小，可满足实际工程计算的需要。因此，在实际应用中都将集成运放理想化，以使分析过程大为简化。本书所涉及的集成运放都按理想器件来考虑。

（2）集成运放的线性区与非线性区　　在分析应用电路的工作原理时，必须分清集成运放是工作在线性区还是非线性区。工作在不同的区域，所遵循的规律是不相同的。

1）线性区。集成运放的电压传输特性如图 3-4 所示。当集成运放工作在线性区时，其输出信号随输入信号作如下变化，即

$$u_o = A_{od}(u_+ - u_-) \tag{3-1}$$

这就是说，线性区内输出电压与差模输入电压呈线性关系。由于一般的集成运放 A_{od} 值很大，为了使其工作在线性区，所以集成运放应用电路大都接有深度负反馈，以减小其净输入电压，从而使其输出电压不超出线性范围。对理想集成运放来说，工作在线性区时，可有以下两条结论：

① 同相输入端电位与反相输入端电位相等。这是由于理想集成运放的 $A_{od} = \infty$ ，而 u_o 为有限值，故由式（3-1）可知

$$u_+ - u_- = 0$$

即

$$u_+ = u_- \tag{3-2}$$

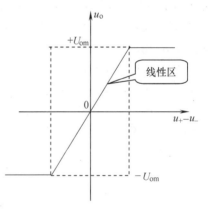

图 3-4　电压传输特性

把集成运放两个输入端电位相等称为"虚短"。"虚短"的意思就是，虽然 $u_+ = u_-$ ，但集成运放的两个输入端并没有真正短路。

② 由理想运放的 $r_{id} = \infty$ ，可知其输入电流等于零，即

$$i_{i+} = i_{i-} = 0 \tag{3-3}$$

此结论称为"虚断"。"虚断"是指输入电流趋近于零，而不是输入端真的断开。

利用"虚短"和"虚断"再加上其他电路条件，可以较方便地分析和计算各种工作在线性区的集成运放应用电路。因此，上面两个结论是非常重要的。

2）非线性区。由于集成运放的开环电压放大倍数 A_{od} 很大，所以当它工作在开环状态（即未接深度负反馈）或加有正反馈时，只要有差模信号输入，哪怕是微小的电压信号，集成运放都将进入非线性区，其输出电压不再遵循 $u_o = A_{od}(u_+ - u_-)$ 的规律，而是立即达到正向饱和电压 U_{om} 或负向饱和电压 $-U_{om}$ 。U_{om} 或 $-U_{om}$ 在数值上接近集成运放的正、负电源电压值。

对于理想运放来说，工作在非线性区时，可有以下两条结论：

① 输入电压 u_+ 与 u_- 可以不相等，输出电压 u_o 非正向饱和，即负向饱和。也就是说，当 $u_+ > u_-$ 时，$u_o = U_{om}$；当 $u_+ < u_-$ 时，$u_o = -U_{om}$；而当 $u_+ = u_-$ 时，是两种状态的转换点。

② 输入电流为零，即

$$i_{i+} = i_{i-} = 0 \tag{3-4}$$

可见，"虚断"在非线性区仍然成立。

3. 基本运算电路

集成运放外加不同的反馈网络（反馈电路），可以实现比例、加法、减法、积分、微分、对数、指数等多种基本运算。这里主要介绍比例、加法、减法运算。由于对模拟量进行上述运算时，要求输出信号反映输入信号的某种运算结果，这就要求输出电压在一定范围内随输入信号电压的变化而变化。故集成运放应工作在线性区，且在电路中必须引入深度负反馈。

（1）比例运算

1）反相比例运算。反相比例运算电路（又称为反相输入放大器）的基本形式如图 3-5 所示。它实际上是一个深度的电压并联负反馈放大器。输入信号 u_i 经电阻 R_1 加至集成运放反相输入端，反馈支路由 R_f 构成，将输出电压 u_o 反馈至反相输入端。

① "虚地"的概念。由于理想集成运放的 $i_{i+} = i_{i-} = 0$，所以 R_2 上无电压降，即 $u_+ = 0$。再由于 $u_+ = u_-$，所以 $u_- = 0$。这就是说，反相端也为地电位，但反相端并未直接接地，故称为"虚地"。"虚地"是反相比例运算电路的重要特征。

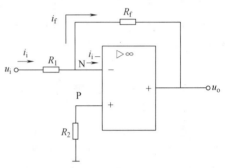

图 3-5 反相比例运算电路的基本形式

② 比例系数。在反相比例运算放大电路中，由虚地概念 $u_- = 0$ 可得

$$i_f = \frac{u_- - u_o}{R_f} = -\frac{u_o}{R_f}$$

由虚断和 $i_{i-} = 0$ 得

$$i_1 = i_f$$

以及

$$i_1 = \frac{u_i - u_-}{R_1} = \frac{u_i}{R_1}$$

所以

$$\frac{u_i}{R_1} = -\frac{u_o}{R_f}$$

即

$$u_o = -\frac{R_f}{R_1} u_i$$

或

$$A_{uf} = \frac{u_o}{u_i} = -\frac{R_f}{R_1} \tag{3-5}$$

式（3-5）表明，集成运放的输出电压与输入电压之间呈反比例关系，比例系数（即电路的闭环电压放大倍数）仅决定于反馈电阻 R_f 与输入电阻 R_1 的比值 R_f/R_1，而与运放本身的参数无关。当选用不同的 R_1 和 R_f 电阻值时，就可以改变这个电路的闭环电压放大倍数。式（3-5）中的负号表示输出电压与输入电压反相。当选取 $R_f = R_1 = R$ 时

$$A_{uf} = \frac{u_o}{u_i} = -\frac{R_f}{R_1} = -1 \tag{3-6}$$

即输出电压与输入电压大小相等、相位相反，这种电路称为反相器。

在电路中，同相输入端与地之间接有一个电阻 R_2，这个电阻是为了保持集成运放电路静态平衡而设置的，即保持在输入信号电压为零时，输出电压亦为零。R_2 称为平衡电阻，要求 $R_2 = R_1 /\!/ R_f$。

2）同相比例运算。同相比例运算电路（又称为同相输入放大器）的基本形式如图 3-6 所示。它实际上是一个深度的电压串联负反馈放大器。输入信号 u_i 经电阻 R_2 加至集成运放同相输入端，反馈电阻 R_f 将输出电压 u_o 反馈至反相输入端。即输出电压经反馈电阻 R_f 与 R_1 分压，取 R_1 上的电压作为反馈电压加到反相输入端。

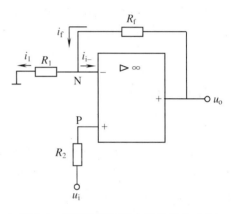

图 3-6 同相比例运算电器的基本形式

比例系数（闭环电压放大倍数）：由虚断可知

$$i_{i+} = i_{i-} = 0$$

故

$$i_1 = i_f$$

由虚短及 $i_{i+} = 0$ 得

$$u_- = u_+ = u_i$$

由图 3-6 可列出方程，即

$$i_1 = \frac{u_- - 0}{R_1} = \frac{u_i}{R_1}$$

$$i_f = \frac{u_o - u_-}{R_f} = \frac{u_o - u_i}{R_f}$$

两者相等并整理得

$$u_o = \left(1 + \frac{R_f}{R_1}\right) u_i$$

所以闭环电压放大倍数为

$$A_{uf} = \frac{u_o}{u_i} = 1 + \frac{R_f}{R_1} \tag{3-7}$$

式（3-7）表明，集成运放的输出电压与输入电压之间成正比例关系，比例系数（即闭环电压放大倍数）仅决定于反馈网络的电阻值 R_f 和 R_1，而与集成运放本身的参数无关。A_{uf} 为正值，表明输出电压与输入电压同相。当 $R_f = 0$（反馈电阻短路）和（或）$R_1 = \infty$（反相输入端电阻开路）时，$A_{uf} = 1$，这时 $u_o = u_i$，输出电压等于输入电压。因此，把这种集成

运放电路称为电压跟随器，它是同相输入放大器的
特例，如图 3-7 所示。

（2）加法运算与减法运算

1）反相加法运算。反相加法运算电路如图 3-8
所示。它是反相输入端有三个输入信号的加法电
路，是利用反相比例运算电路实现的。与反相比例
运算电路相比，这个反相加法电路只是增加了两个
输入支路。另外，平衡电阻 $R_4 = R_1 /\!/ R_2 /\!/ R_3 /\!/ R_f$。

图 3-7　电压跟随器

根据集成运放反相输入端虚断可知，$i_f = i_1 + i_2 + i_3$；而根据集成运放反相运算时反相输
入端虚地可得，$u_- = 0$。因此，由图可得

$$-\frac{u_o}{R_f} = \frac{u_{i1}}{R_1} + \frac{u_{i2}}{R_2} + \frac{u_{i3}}{R_3}$$

故可求得输出电压为

$$u_o = -R_f\left(\frac{u_{i1}}{R_1} + \frac{u_{i2}}{R_2} + \frac{u_{i3}}{R_3}\right) \tag{3-8}$$

由式（3-8）可见，实现了反相加法运算。若 $R_f = R_1 = R_2 = R_3$，则 $u_o = -(u_{i1} + u_{i2} + u_{i3})$。通过适当选配电阻值，可使输出电压与输入电压之和成正比，从而完成加法运算。相
加的输入信号数目可以增至 5~6 个。这种电路在调节某一路输入端电阻时并不影响其他路
信号产生的输出值，因此调节方便，使用得比较多。

2）同相加法运算。同相加法运算电路如图 3-9 所示。它是同相输入端有两个输入信号
的加法电路，是利用同相比例运算电路实现的。与同相比例运算电路相比，这个同相加法电
路只是增加了一个输入支路。

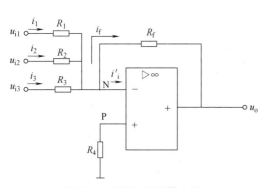

图 3-8　反相加法运算电路

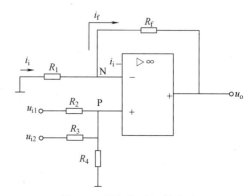

图 3-9　同相加法运算电路

为使直流电阻平衡，要求：$R_2 /\!/ R_3 /\!/ R_4 = R_1 /\!/ R_f$。

根据集成运放同相端虚断，应用叠加原理可求取 u_+，即

$$u_+ = \frac{R_3 /\!/ R_4}{R_2 + R_3 /\!/ R_4}u_{i1} + \frac{R_2 /\!/ R_4}{R_3 + R_2 /\!/ R_4}u_{i2}$$

根据同相比例运算 u_o 与 u_+ 的关系式可得

$$u_o = \left(1 + \frac{R_f}{R_1}\right)u_+ = \left(1 + \frac{R_f}{R_1}\right)\left(\frac{R_3 /\!/ R_4}{R_2 + R_3 /\!/ R_4}u_{i1} + \frac{R_2 /\!/ R_4}{R_3 + R_2 /\!/ R_4}u_{i2}\right) \tag{3-9}$$

由式（3-9）可见，实现了同相加法运算。若 $R_2 = R_3 = R_4$，$R_f = 2R_1$，则式（3-9）可简化为 $u_o = u_{i1} + u_{i2}$。这种电路在调节某一路输入电阻时会影响其他路信号产生的输出值，因此调节不方便。

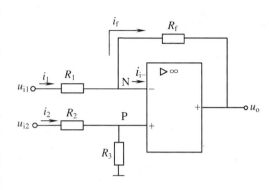

3）减法运算。减法运算电路如图 3-10 所示。图中，输入信号 u_{i1} 和 u_{i2} 分别加至反相输入端和同相输入端。对该电路也可用"虚短"和"虚断"的特点来分析，下面应用叠加原理根据同、反相比例运算电路已有的结论进行分析，这样可使分析更简便。首先，设 u_{i1} 单独作用，而 $u_{i2} = 0$，此时电路相当于一个反相比例运算电路，可得 u_{i1} 产生的输出电压 u_{o1} 为

图 3-10 减法运算电路

$$u_{o1} = -\frac{R_f}{R_1}u_{i1}$$

再设由 u_{i2} 单独作用，而 $u_{i1} = 0$，则电路变为同相比例运算电路，可求得 u_{i2} 产生的输出电压 u_{o2} 为

$$u_{o2} = \left(1 + \frac{R_f}{R_1}\right)u_+ = \left(1 + \frac{R_f}{R_1}\right)\frac{R_3}{R_2 + R_3}u_{i2}$$

由此可求得总输出电压为

$$u_o = u_{o1} + u_{o2} = -\frac{R_f}{R_1}u_{i1} + \left(1 + \frac{R_f}{R_1}\right)\frac{R_3}{R_2 + R_3}u_{i2} \tag{3-10}$$

当 $R_1 = R_2$，$R_f = R_3$ 时，则

$$u_o = \frac{R_f}{R_1}(u_{i2} - u_{i1}) \tag{3-11}$$

当 $R_f = R_1$，则 $u_o = u_{i2} - u_{i1}$，从而实现了减法运算。

任务准备

准备所需仪表、工具：常用电子组装工具一套、双通道示波器一台、直流稳压电源（正、负双电源）一台、低频信号发生器一台、万用表一只。所需电子元器件及材料见表 3-1。

表 3-1 电子元器件及材料

代号	名称	规格	代号	名称	规格
R_1	碳膜电阻器	300Ω	R_9	碳膜电阻器	2kΩ
R_2	碳膜电阻器	1kΩ	R_{10}	碳膜电阻器	1kΩ
R_3	碳膜电阻器	1kΩ		集成运放	CF741
R_4	碳膜电阻器	10kΩ		8 脚集成电路插座(一个)	
R_5	碳膜电阻器	2kΩ		万能电路板	
R_6	碳膜电阻器	1kΩ		$\phi 0.8mm$ 镀锡铜丝	
R_7	碳膜电阻器	12kΩ		焊料、助焊剂	
R_8	碳膜电阻器	2kΩ		多股软导线	

✔ 任务实施

1. 检测与筛选元器件

对电路中使用的元器件进行检测与筛选。

2. 装配电路

按照电路原理图（见图 3-1）装配电路，装配工艺要求为：
1）电阻器均采用水平安装，要求贴紧电路板，电阻器的色环方向应一致。
2）集成运放采用垂直安装，底部贴紧电路板，注意引脚应正确。
3）布线正确，焊点合格，无漏焊、虚焊、短路现象。

3. 自检

装配完成后应首先进行自检，正确无误后才能进行调试。

（1）焊接检查　焊接结束后，首先检查电路有无漏焊、错焊、虚焊等问题。检查时可用尖嘴钳或镊子将每个元器件拉一拉，看有无松动，如果发现有松动现象，应重新焊接。

（2）元器件检查　检查集成运放引脚有无接错，用万用表电阻挡检查引脚有无短路、开路等问题。

（3）接线检查　对照电路原理图检查接线是否正确、有无接错，是否有碰线、短路现象。应重点检查集成运放输出端、电源端和接地端，这几个端子之间不能短路，否则将损坏元器件和电源。发现问题应及时纠正。

4. 调试要求及方法

1）经上述检查确认没有错误后，将稳压电源输出的 ±12V 直流电源与电路的正、负电源端相连接，并认真检查，确保直流电源正确、可靠地接入电路，然后接通直流电源。

2）将低频信号发生器"频率"调为 100Hz，输出信号电压调为 50mV，输入至测试电路的输入端。

3）将双通道示波器 Y 轴输入分别与测试电路的输入、输出端连接，接通示波器电源，调整示波器使输入、输出电压波形稳定显示（1~3 个周期）。

4）读取输入、输出电压波形的峰-峰值，计算电压放大倍数，将结果填入表 3-2 中。

表 3-2　输入、输出电压波形的峰-峰值（$U_i = 50\text{mV}$，$f = 100\text{Hz}$）

U_i/V	U_o/V	u_i 波形	u_o 波形	A_U	
				实测值	计算值

5）分别观察电压跟随器、同相比例运算电路、反相比例运算电路和反相器的输出波形，观察输入、输出波形的相位变化，将结果填入表 3-3 中。

表 3-3　测量结果

测量电路	U_i/V	U_o/V	A_U	相位差
电压跟随器				
同相比例运算电路				
反相比例运算电路				
反相器				

☝ 检查评议

评分标准见表 3-4。

表 3-4　评分标准

序号	项目内容	评分标准	配分	扣分	得分
1	元器件安装	1. 元器件不按规定方式安装,扣 10 分 2. 元器件极性安装错误,扣 10 分 3. 布线不合理,扣 10 分	30 分		
2	焊接	1. 焊点有一处不合格,扣 2 分 2. 剪脚留头长度有一处不合格,扣 2 分	20 分		
3	测试	1. 关键点电位不正常,扣 10 分 2. 放大倍数测量错误,扣 10 分 3. 仪器仪表使用错误,扣 10 分	30 分		
4	安全文明操作	1. 不爱护仪器设备,扣 10 分 2. 不注意安全,扣 10 分	20 分		
5	合计		100 分		
6	时间	270min			

💡 注意事项

一般情况下，测试结果均与理论估算值接近，误差很小。若测试结果与理论估算值产生较大误差，则其原因主要有：

1）集成运放的特性与理想值相差较多，主要是集成运放的开环增益不高，使实测输出电压值偏小。另外，共模抑制比比较小，也会引起同相运算电路的输出产生误差。

2）运算电路外接元件的标称值与实际值有误差。

3）调零没有调好或调零电位器发生变动。

4）电路接错或测量点接错，电压表换挡误差或读数错误，电压表内阻较低等。

5）输入信号过大，集成运放工作在非线性状态。

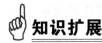 **知识扩展**

1. 微分运算

微分运算电路如图3-11所示。它和反相比例运算电路的差别是用电容代替电阻 R_1。为使直流电阻平衡，要求 $R_1 = R_f$。

根据运放反相输入端虚地可得

$$i_1 = C_1 \frac{\mathrm{d}u_i}{\mathrm{d}t}$$

$$i_f = -\frac{u_o}{R_f}$$

由于 $i_1 = i_f$，因此可得输出电压 u_o 为

$$u_o = -R_f C_1 \frac{\mathrm{d}u_i}{\mathrm{d}t} \qquad (3\text{-}12)$$

可见输出电压 u_o 正比于输入电压 u_i 对时间 t 的微分，从而实现了微分运算。式（3-12）中，$R_f C_1$ 为微分电路的时间常数。

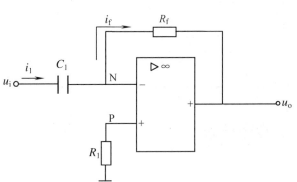

图 3-11 微分运算电路

2. 积分运算

将微分运算电路中的电阻和电容位置互换，即构成积分运算电路，如图3-12所示。

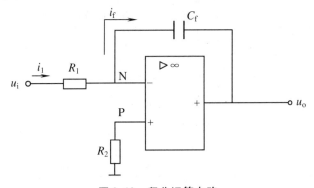

图 3-12 积分运算电路

由图可得

$$i_1 = \frac{u_i}{R_1}$$

$$i_f = -C_f \frac{\mathrm{d}u_o}{\mathrm{d}t}$$

由于 $i_1 = i_f$，所以可得输出电压 u_o 为

$$u_o = -\frac{1}{R_1 C_f} \int u_i \mathrm{d}t \qquad (3\text{-}13)$$

可见输出电压 u_o 正比于输入电压 u_i 对时间 t 的积分，从而实现了积分运算。式（3-13）

中，R_1C_f 为积分电路的时间常数。

微分和积分电路常用以实现波形变换。例如，微分电路可将方波电压变换为尖脉冲电压，积分电路可将方波电压变换为三角波电压，如图 3-13 所示。

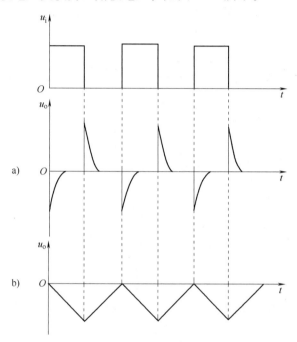

图 3-13　微、积分电路用于波形变换
a）微分电路输出电压　b）积分电路输出电压

考证要点

知识点：当理想集成运放工作在线性区时，$u_+ = u_-$，输出电压与差模输入电压呈线性关系。要保证集成运放工作在线性区，电路中一定要引入负反馈。当集成运放工作在非线性区时，$u_+ \neq u_-$，输出电压只有两种取值 U_{om} 或 $-U_{om}$。理想集成运放有虚断和虚短的特点，反相比例电路中有虚地现象。虚断、虚短和虚地是分析电路的重要依据。

试题精选：
（1）同相比例运算电路实际上是一个（深度）电压（串联）负反馈放大器。
（2）在集成运放电路的测试中，首先要将（输入端）短路，以进行（调零）和消振。
（3）反相比例运算电路实际上是一个（深度）电压（并联）负反馈放大器。
（4）理想集成运放电路的分析可根据（虚断）和（虚短）进行。

【练习题】
1. 填空题
（1）集成运放的电压传输特性分为（　　）区和（　　）区。
（2）反相比例运算电路的比例系数是（　　），同相运算电路的比例系数是（　　）。
（3）理想集成运放在开环状态下，一定工作在（　　）区，U_+ 与 U_-（　　）。
（4）集成运放的两个输入端分别是（　　）和（　　）。

（5）测试电路通电前应重点检查（　　）端及（　　）端的接线是否正确。

（6）一般情况下，动态测试结果均与理论（　　）接近，（　　）很小。

2. 判断题

（1）集成运放工作在线性区，电路一定存在有深度负反馈。（　　）

（2）集成运放工作在非线性区，电路一定存在有深度正反馈。（　　）

（3）反相比例运算电路可根据虚地的概念进行分析。（　　）

（4）在反相比例运算电路中，当 $R_f = 0$ 时，其电压放大倍数为无限大。（　　）

（5）同相比例运算电路可根据虚短的概念进行分析。（　　）

（6）集成运放调零时应将输入端对地短路。（　　）

（7）集成运放的正、负电源极性可接反使用。（　　）

（8）静态调试时应将输入端对地短路。（　　）

（9）当 $U_+ > U_-$ 时输出电压为 $-U_{om}$。（　　）

（10）微分和积分电路可实现波形变换。（　　）

3. 选择题

（1）集成运放的作用是（　　）。

A. 功率放大　　　　B. 输出较大电阻　　　　C. 实现电压放大　　　　D. 提高输出电流

（2）反相比例电路中，当 $R_f = R_1$ 时，比例系数是（　　）。

A. 无限大　　　　B. -1　　　　C. 20　　　　D. 15

（3）同相比例电路中，当 $R_f = R_1$ 时，比例系数是（　　）。

A. 无限大　　　　B. 1　　　　C. 2　　　　D. 15

（4）同相比例运算电路中（　　）。

A. 存在正反馈　　　　　　　　　　B. 没有反馈

C. 存在电压串联负反馈　　　　　　D. 存在电流反馈

（5）反相比例运算电路中（　　）。

A. 存在正反馈　　　　　　　　　　B. 没有反馈

C. 存在电流反馈　　　　　　　　　D. 存在电压并联负反馈

（6）集成运放工作在线性区时有（　　）。

A. $u_+ = u_-$　　　　B. $u_+ \neq u_-$　　　　C. $u_+ > u_-$　　　　D. $u_+ < u_-$

（7）集成运放工作在非线性区时有（　　）。

A. $u_+ = u_-$　　　　B. $u_+ \neq u_-$　　　　C. $u_+ > u_-$　　　　D. $u_+ < u_-$

（8）集成运放工作在非线性区时，当 $u_+ > u_-$ 有（　　）。

A. $u_o = +U_{om}$　　　　B. $u_o = -U_{om}$　　　　C. $u_o = -U_{CC}$　　　　D. $u_o = +U_{CC}$

（9）在微分电路中，集成运放工作在（　　）。

A. 非线性区　　　　B. 线性区　　　　C. 饱和区　　　　D. 截止区

（10）理想集成运放的开环放大倍数（　　）。

A. 较大　　　　B. 很小　　　　C. 一般　　　　D. 无限大

4. 计算题

（1）在反相比例运算电路中，已知：$R_f = 20k\Omega$，$R_1 = 10k\Omega$，求电压放大倍数。

（2）在同相比例运算电路中，已知：$R_f = 20k\Omega$，$R_1 = 10k\Omega$，求电压放大倍数。

正弦波信号发生器的装配与调试

任务描述

本任务主要介绍正弦波振荡的基本概念，RC 串并联电路的选频特性，RC 桥式正弦波振荡电路的组成及工作原理以及 RC 桥式正弦波振荡电路的装配与调试，并能独立排除调试过程中出现的故障。

任务分析

本任务要求根据电路原理图，按工艺要求装配与调试电路，通过 RC 桥式正弦波振荡电路的装配与调试，掌握振荡电路的特点、起振条件和元件参数对电路性能的影响。其电路原理图如图 3-14 所示。

相关知识

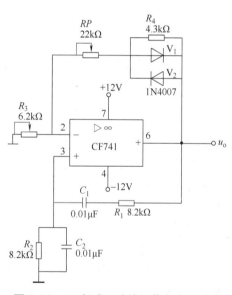

1. 正弦波振荡的概念

放大电路在没有输入信号时，接通电源就有稳定的正弦波信号输出，这种电路称为正弦波振荡电路。

2. 正弦波振荡电路的组成原则

正弦波振荡电路一般应由四部分组成。

（1）放大电路　放大电路是维持振荡电路连续工作的主要环节，没有放大，就不可能产生持续的振荡。要求放大电路必须有能量供给，结构合理，静态工作点合适，且具有放大作用。

（2）反馈网络　反馈网络的作用是形成反馈

图 3-14　RC 桥式正弦波振荡电路原理图

（主要是正反馈）信号，为放大电路提供维持振荡的输入信号，是振荡电路维持振荡的主要环节。

（3）选频网络　选频网络的主要作用是保证电路能产生单一频率的振荡信号，一般情况下这个频率就是振荡电路的振荡频率。在很多振荡电路中，选频网络和反馈网络结合在一起。

（4）稳幅电路　稳幅电路的作用主要是使振荡信号幅值稳定，以达到稳幅振荡。

3. RC 桥式正弦波振荡电路

（1）电路组成　集成运放构成的 RC 桥式正弦波振荡电路如图 3-14 所示。图中 RC 串、并联网络构成正反馈支路，同时兼作选频网络（由于 RC 串、并联网络构成一个四臂电桥，所以又称为 RC 桥式正弦波振荡电路），R_3、R_4、RP 及二极管等元器件构成负反馈和稳幅环节。调节 RP 可以改变负反馈深度，以满足振荡的振幅平衡条件和改善波形。

（2）RC 串、并联网络的选频特性　将图 3-14 中的 RC 串、并联网络单独画出如图 3-15a 所示。假定幅度恒定的正弦信号电压 u_o 从 A、C 两端输入，反馈电压 u_F 从 B、C 两段输出。下面分析电路的幅频特性和相频特性。

1）反馈电压 u_F 的幅频特性。u_F 的幅值随输入信号的频率变化而发生变化的关系称为幅频特性。当输入信号频率较低时，电容 C_1、C_2 的容抗均很大，在 R_1、C_1 串联部分，$1/2\pi fC_1 \gg R_1$，因此 R_1 可忽略；在 R_2、C_2 并联部分，$1/2\pi fC_2 \gg R_2$，因此 C_2 可忽略。此时，图 3-15a 所示的低频等效电路如图 3-15b 所示，频率越低，C_1 容抗越大，R_2 分压越小，反馈输出电压 u_F 越小。

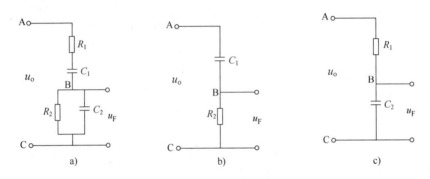

图 3-15　RC 串、并联网络及等效电路

a）RC 串、并联网络　b）低频等效电路　c）高频等效电路

当输入信号频率较高时，电容 C_1、C_2 的容抗均很小。在 R_1、C_1 串联部分，$R_1 \gg 1/2\pi fC_1$，因此 C_1 可忽略；在 R_2、C_2 并联部分，$R_2 \gg 1/2\pi fC_2$，因此 R_2 可忽略。此时，图 3-15a 所示的高频等效电路如图 3-15c 所示，频率越高，C_2 容抗越小，C_2 分压越小，反馈输出电压 u_F 越小。

RC 串并联电路的幅频特性曲线如图 3-16a 所示。从图中可以看出，只有在谐振频率 f_0 处，输出电压幅值最大。偏离这个频率，输出电压幅度迅速减小。

2）反馈电压 u_F 的相频特性。由上面的分析可知，当信号频率低到接近于零时，C_1、C_2 容抗很大，在低频等效电路中 $1/2\pi fC_1 \gg R_2$，电路接近于纯电容电路，电路电流的相位将超前于输入电压 u_o 的相位 90°。因此，反馈输出电压 u_F 的相位也将超前于 u_o 的相位 90°。随着信号频率的升高，相位角相应减小，当频率升高到谐振频率 f_0 时，相位角 φ 减小到零，u_F 与 u_o 同相位。如果信号频率升高到接近于无限大，C_1、C_2 容抗很小，在高频等效电路中 $R_1 \gg 1/2\pi fC_2$，电路接近于纯电阻电路，电路的电流与输入电压 u_o 同相位。因此，反馈输出电压 u_F 的相位将滞后于 u_o 的相位 90°。u_F 与 u_o 之间的相位差随频率的变化关系，称为 RC 串、并联网路的相频特性。其相频特性曲线如图 3-16b

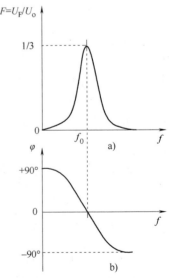

图 3-16　RC 串、并联网络的频率特性曲线

a）幅频特性曲线　b）相频特性曲线

所示。

从上述分析可以得出结论：当信号频率 f 等于 RC 串、并联网络的谐振频率 f_0 时，输出电压 u_F 幅值最大，且与输入信号 u_o 同相位，这就是 RC 串、并联网络的选频特性。

当 $R_1 = R_2 = R$，$C_1 = C_2 = C$ 时，RC 串、并联网络的谐振频率 f_0 为

$$f_0 = \frac{1}{2\pi RC} \tag{3-14}$$

振荡电路起振的幅值条件为

$$\frac{R_F}{R_1} > 2 \tag{3-15}$$

式中，$R_F = RP + R_4 /\!/ r_D$；r_D 为二极管正向导通电阻。

改变选频网络的参数 C 或 R，即可调节振荡频率。一般采用改变电容 C 作频率量程切换，而调节 R 作量程内的频率细调。

任务准备

准备所需仪表、工具：常用电子组装工具一套、双通道示波器一台、直流稳压电源（正、负双电源）一台、交流毫伏表一只、万用表一只。所需电子元器件及材料见表3-5。

表 3-5　电子元器件及材料

代　号	名　称	规　格	代　号	名　称	规　格
R_3	碳膜电阻器	6.2kΩ		集成运放	CF741
R_4	碳膜电阻器	4.3kΩ		8脚集成电路插座(一个)	
RP	电位器	22kΩ		万能电路板	
R_1、R_2	碳膜电阻器	8.2kΩ		ϕ0.8mm 镀锡铜丝	
C_1、C_2	无极性电容器	0.01μF		焊料、助焊剂	
V_1、V_2	二极管	1N4007		多股软导线	

任务实施

1. 检测与筛选元器件

对电路中使用的元器件进行检测与筛选。

2. 装配电路

按照电路原理图（见图3-14）装配电路，装配工艺要求为：

1）电阻器均采用水平安装，要求贴紧电路板，电阻器的色环方向应一致。

2）集成运放采用垂直安装，底部贴紧电路板，注意引脚应正确。

3）布线正确，焊点合格，无漏焊、虚焊、短路现象。

3. 自检

装配完成后应首先进行自检，正确无误后才能进行调试。

（1）焊接检查　焊接结束后，首先检查电路有无漏焊、错焊、虚焊等问题。检查时可用尖嘴钳或镊子将每个元器件拉一拉，看有无松动，如果发现有松动现象，应重新焊接。

（2）元器件检查　检查集成运放引脚有无接错，用万用表电阻挡检查引脚有无短路、开路等问题。

（3）接线检查　对照电路原理图检查接线是否正确，有无接错，是否有碰线、短路现象。应重点检查集成运放输出端、电源端和接地端，这几个端子之间不能短路，否则将损坏器件和电源。发现问题应及时纠正。

4. 调试要求及方法

1）经上述检查确认没有错误后，将稳压电源输出的±12V直流电源与电路的正、负电源端相连接，并认真检查，确保直流电源正确、可靠地接入电路。

2）接通±12V电源，调节电位器RP，使输出波形从无到有，从正弦波到出现失真。描绘u_o的波形，记下临界起振和正弦波输出失真情况下的RP值，分析负反馈强弱对起振条件及输出波形的影响。

3）调节电位器RP，使输出电压u_o幅值最大且不失真，用交流毫伏表分别测量输出电压U_o，反馈电压U_+和U_-，分析研究振荡的幅值条件。

4）用示波器测量振荡频率f_0，然后在选频网络的两个电阻R上并联同一阻值电阻，观察记录振荡频率的变化情况，并与理论值进行比较。

5）断开二极管V_1、V_2，重复3）的内容，将测试结果与3）进行比较，分析V_1、V_2的稳幅作用。

检查评议

评分标准见表3-6。

表3-6　评分标准

序号	项目内容	评分标准	配分	扣分	得分
1	元器件安装	1. 元器件不按规定方式安装，扣10分 2. 元器件极性安装错误，扣10分 3. 布线不合理，扣10分	30分		
2	焊接	1. 焊点有一处不合格，扣2分 2. 剪脚留头长度有一处不合格，扣2分	20分		
3	测试	1. 关键点电位不正常，扣10分 2. 放大倍数测量错误，扣10分 3. 仪器仪表使用错误，扣10分	30分		
4	安全文明操作	1. 不爱护仪器设备，扣10分 2. 不注意安全，扣10分	20分		
5	合计		100分		
6	时间	90min			

 **注意事项**

1）调试中若无振荡信号输出，可检查直流电源是否可靠接入，RC 选频电路接入是否正确，集成运放是否完好等；或负反馈太强，应适当加大 RP 进行故障排除。

2）调试中若波形失真严重，则应适当减小 RP。

👆 **知识扩展**

正弦波振荡的条件如下：

1. 振幅平衡条件

$$AF = 1 \qquad\qquad (3\text{-}16)$$

式中　A——放大电路的电压放大倍数；

　　　F——RC 选频电路的反馈系数。

当振荡频率 $f = f_0$ 时，$F = 1/3$，所以要满足振荡的振幅平衡条件，则要求放大电路的放大倍数 $A = 3$。

2. 相位平衡条件

$$\varphi_A + \varphi_F = \pm 2n\pi \qquad (n = 0、1、2、3\cdots\cdots) \qquad (3\text{-}17)$$

式中　φ_A——放大电路的相位移（°）；

　　　φ_F——RC 选频网络的相位移（°）。

当振动频率 $f = f_0$ 时，$\varphi_F = 0$，所以要满足振荡的相位平衡条件，则要求放大电路的相位移 $\varphi_A = \pm 2n\pi$（$n = 0、1、2、3\cdots\cdots$）。

3. 起振条件

$$AF > 1 \qquad\qquad (3\text{-}18)$$

当振荡频率 $f = f_0$ 时，$F = 1/3$，所以要满足起振条件，则要求放大电路的放大倍数 $A > 3$。

🔍 **考证要点**

> **知识点：** 正弦波振荡电路一般由放大电路、反馈网络、选频网络以及稳幅电路四部分组成。电路的振荡频率由选频网络的参数决定。

试题精选：

（1）正弦波振荡器由哪几部分组成？各部分的作用是什么？

（2）正弦波振荡电路起振的振幅平衡条件为（　A　）。

A. $A > 3$　　　　B. $A = 3$　　　　C. $A = 1$　　　　D. $A > 1$

（3）桥式正弦波振荡电路的相位平衡条件为（　B　）。

A. $\varphi_A + \varphi_B > \pi$　　B. $\varphi_A + \varphi_B = \pm 2n\pi$　　C. $\varphi_A + \varphi_B = 2n\pi$　　D. $\varphi_A + \varphi_B > 2n\pi$

（4）桥式正弦波振荡器的振荡频率 f 取决于（　D　）。

A. 反馈强度　　　　B. 反馈元件的参数　　　C. 放大器的放大倍数　　　D. 选频网络的参数

【练习题】

1. 填空题

（1）正弦波振荡的条件有（   ）和（   ）。

（2）正弦波振荡电路的组成有（   ）和（   ）以及反馈网络和稳幅电路。

（3）在集成运放组成正弦波振荡电路中振荡频率是（   ），起振条件是（   ）。

2. 判断题

（1）正弦波振荡电路只要满足正反馈就一定能振荡。（   ）

（2）正弦波振荡电路选频网络的主要作用是产生单一频率的振荡信号。（   ）

（3）在 RC 桥式正弦波振荡器中，振荡频率只由选频电路的参数决定。（   ）

3. 选择题

（1）在 RC 桥式正弦波振荡器中，起振条件为（   ）。

A. $A > 1$ B. $A = 1$ C. $A > 3$ D. $A = 3$

（2）正弦波振荡的振幅平衡条件是（   ）。

A. $AF = 0$ B. $AF = 1$ C. $AF < 1$ D. $AF = 2$

（3）在 RC 桥式正弦波振荡器中，当振荡频率 $f = f_0$ 时，反馈系数为（   ）。

A. $F = 1/3$ B. $F = 2/3$ C. $F < 1/3$ D. $F > 1/3$

4. 计算题

在 RC 桥式正弦波振荡电路中，已知 $R = 2\text{k}\Omega$，$C = 47\mu\text{F}$，求振荡频率 f_0。

任务 3 矩形波-三角波发生器的装配与调试

任务描述

本任务主要介绍电压比较器、具有滞回特性的电压比较器工作原理及特点，矩形波-三角波发生器的组成及工作原理分析，矩形波-三角波发生器的组装与调试，并能独立排除调试过程中出现的故障。

任务分析

本任务要求根据电路原理图，按工艺要求装配与调试电路，通过矩形波-三角波发生器的装配与调试，掌握矩形波-三角波发生器的特点，各元器件的作用和元器件参数对电路性能的影响。其电路原理图如图 3-17 所示。它是由具有滞回特性的电压比较器 A_1 和反相积分器 A_2 组成的。比较器的输入信号就是积分器的输出电压 u_{o2}，而比较器的输出电压 u_{o1} 又是积分器的输入信号。比较器产生矩形波，积分器产生三角波。

相关知识

1. 电压比较器

电压比较器是将输入电压与一个参考电压相比较，在两者幅值相等的附近由输出状态反映比较结果。它能够鉴别输入电压的相对大小，常用于超限报警、模数转换及非正弦波产生

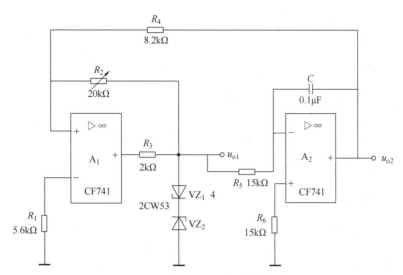

图 3-17 矩形波-三角波发生器电路原理图

等电路中。

集成运放组成电压比较器时，常工作在开环状态。有时为了提高比较精度，又常在电路中引入正反馈。

（1）过零比较器 过零比较器是一个参考电压为 0V 的比较器，其电路如图 3-18a 所示。同相输入端接地，输入信号经电阻 R_1 加至反相输入端。图中，VZ_1、VZ_2 是稳压二极管。若不加稳压二极管，在理想情况下，当 $u_i > 0$ 时，$u_o = -U_{om}$；当 $u_i < 0$ 时，$u_o = +U_{om}$，$+U_{om}$ 和 $-U_{om}$ 分别是集成运放的正、负向输出的饱和电压。接入稳压二极管的目的是将输出电压钳位在某个特定值，以满足对比较器输出电压的要求。此时电路的输入/输出关系如图 3-18b 所示，其中 U_Z 代表稳压二极管的稳压值，U_D 代表稳压二极管的正向导通管电压降。

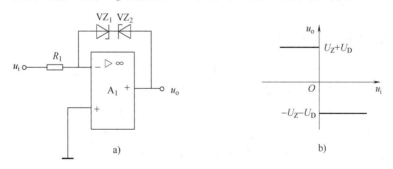

图 3-18 过零比较器

a）电路 b）输入/输出关系

过零比较器抗干扰能力较差，特别是当输入电压处于参考电压附近时，由于零点漂移或干扰，所以会使输出电压在正、负最大值之间来回变化，从而造成错误输出。

（2）滞回比较器 滞回比较器（也叫作迟滞比较器）如图 3-19a 所示。它将输出电压经电阻反馈到同相输入端，使同相输入端的电位随输出电压的变化而变化，从而达到改变过零点的目的。

当输出电压为正的最大值 $+U_{om}$ 时，同相输入端的电压为

$$u_+ = \frac{R_2}{R_2 + R_f} U_{om} = U_P \qquad (3\text{-}19)$$

只要 $u_i < U_P$，输出电压总是 U_{om}。一旦 u_i 从小于 U_P 加大到刚大于 U_P，输出电压就立即从 U_{om} 变为 $-U_{om}$。

当输出电压为 $-U_{om}$ 时，同相输入端的电压为

$$u_+ = \frac{R_2}{R_2 + R_f}(-U_{om}) = -U_P \qquad (3\text{-}20)$$

只要 $u_i > -U_P$，输出电压总是 $-U_{om}$。一旦 u_i 从大于 $-U_P$ 减小到刚小于 $-U_P$，输出电压立即从 $-U_{om}$ 变为 $+U_{om}$。

可见，输出电压由正变负和由负变正，其参考电压 U_P 和 $-U_P$ 是不同的两个值。这就使比较器具有滞回特性，输入/输出关系具有迟滞回线的形状，如图 3-19b 所示。两个参考电压之差 $U_P - (-U_P) = 2U_P$ 称为"回差电压"。改变电阻 R_2 或 R_f 的阻值，就可改变回差电压。回差电压越大，抗干扰能力越强。

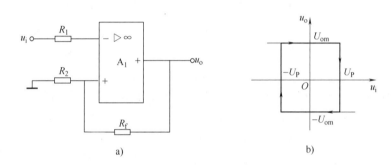

图 3-19 滞回比较器

a）电路 b）输入/输出关系

2. 矩形波-三角波发生器

（1）矩形波-三角波发生器的作用 矩形波和三角波发生器分别是产生矩形波和三角波信号的电路，是一个信号源。矩形波和三角波信号在计算机和自动控制系统中广泛使用。

（2）矩形波-三角波发生器电路组成及工作原理 矩形波-三角波发生器电路原理图如图 3-17 所示。其中 A_1、R_1、R_2、R_3 和稳压二极管 2CW53 构成具有滞回特性的电压比较器，A_1 工作在非线性区，稳压二极管起到稳定输出电压的作用，A_1 输出矩形波信号，其幅值等于稳压二极管的稳压值 $\pm U_Z$；A_2、C、R_5 和 R_6 构成反相积分器，A_2 工作在线性区，输出三角波信号。矩形波-三角波发生器的工作波形如图 3-20 所示。

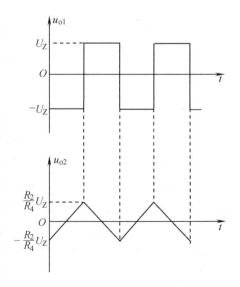

图 3-20 矩形波-三角波发生器的工作波形

矩形波-三角波发生器的振荡周期为

$$T = \frac{4R_4}{R_2}R_5C \qquad (3\text{-}21)$$

由式（3-21）可知，改变 R_4 与 R_2 的比值或 R_5C 充放电电路的时间常数，就可改变输出电压的频率。此外，改变积分电路的输入电压值也可以改变输出电压的频率。

任务准备

准备所需仪表、工具：常用电子组装工具一套、双通道示波器一台、直流稳压电源（正、负双电源）一台、交流毫伏表一只、万用表一只。所需电子元器件及材料见表3-7。

表 3-7　电子元器件及材料

代　号	名　称	规　格	代　号	名　称	规　格
R_1	碳膜电阻器	5.6kΩ	A_2	集成运放	CF741
R_2	可调电阻器	20kΩ	VZ_1	稳压二极管	2CW53
R_3	碳膜电阻器	2kΩ	VZ_2	稳压二极管	2CW53
R_4	碳膜电阻器	8.2kΩ		8脚集成电路插座(一个)	
R_5	碳膜电阻器	15kΩ		万能电路板	
R_6	碳膜电阻器	15kΩ		φ0.8mm 镀锡铜丝	
C	无极性电容器	0.1μF		焊料、助焊剂	
A_1	集成运放	CF741		多股软导线	

任务实施

1. 检测与筛选元器件

对电路中使用的元器件进行检测与筛选。

2. 装配电路

按照电路原理图（见图3-17）装配电路，装配工艺要求为：
1）电阻器均采用水平安装，要求贴紧电路板，电阻器的色环方向应一致。
2）集成运放采用垂直安装，底部贴紧电路板，注意引脚应正确。
3）布线正确，焊点合格，无漏焊、虚焊、短路现象。

3. 自检

装配完成后应首先进行自检，正确无误后才能进行调试。
（1）焊接检查　焊接结束后，首先检查电路有无漏焊、错焊、虚焊等问题。检查时可用尖嘴钳或镊子将每个元器件拉一拉，看有无松动，如果发现有松动现象，应重新焊接。
（2）元器件检查　检查集成运放引脚有无接错，用万用表电阻挡检查引脚有无短路、开路等问题。
（3）接线检查　对照电路原理图检查接线是否正确，有无接错，是否有碰线、短路现象。应重点检查集成运放输出端、电源端和接地端，这几个端子之间不能短路，否则将损坏器件和电源，发现问题应及时纠正。

4. 调试要求及方法

1）经上述检查确认没有错误后，将稳压电源输出的 ±12V 直流电源与电路的正、负电源端相连接，并认真检查，确保直流电源正确、可靠地接入电路。

2）用双踪示波器观察并描绘矩形波 u_{o1} 及三角波 u_{o2} 的波形（注意对应关系），测量其幅值及频率。

3）改变 R_5 的值，观察 u_{o1}、u_{o2} 幅值及频率变化情况并记录。

4）改变 R_4（或 R_2），观察对 u_{o1}、u_{o2} 幅值及频率的影响。

5）在同一坐标纸上，按比例画出矩形波及三角波的波形，并标明时间和电压幅值。

✍ 检查评议

评分标准见表3-8。

表3-8　评分标准

序号	项目内容	评分标准	配分	扣分	得分
1	元器件安装	1. 元器件不按规定方式安装，扣10分 2. 元器件极性安装错误，扣10分 3. 布线不合理，扣10分	30分		
2	焊接	1. 焊点有一处不合格，扣2分 2. 剪脚留头长度有一处不合格，扣2分	20分		
3	测试	1. 关键点电位不正常，扣10分 2. 放大倍数测量错误，扣10分 3. 仪器仪表使用错误，扣10分	30分		
4	安全文明操作	1. 不爱护仪器设备，扣10分 2. 不注意安全，扣10分	20分		
5	合计		100分		
6	时间	90min			

💡 注意事项

调试中若无振荡信号输出，可检查直流电源极性是否正确，积分电容是否可靠接入，集成运放是否完好等，并进行故障排除。

☝ 知识扩展

1. 集成运放调零

由于集成运放失调电压和失调电流的存在，当输入电压为零时，输出电压并不为零。为保证当输入电压为零时输出电压也为零，因此，在输入信号为零时需对输出电压进行调零。

调零电路如图3-21所示，图中 RP 是调零电位器。调零时，首先将输入端对地短路，然后通过调整电位器的阻值进行调零。无调零引出端的，可在集成运放的输入端加一个补偿电压，以抵消运放本身的失调电压，从而达到调零的目的，其电路如图3-22所示。

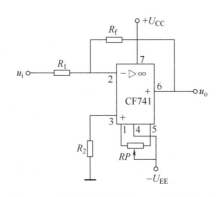

图3-21　外接调零电位器 *RP* 的调零电路

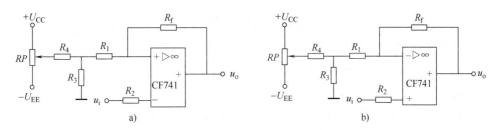

图3-22　输入调零电路

a）同相输入调零电路　b）反相输入调零电路

2. 集成运放使用中的保护

集成运放在使用中应有健全的各种保护电路，以防止损坏。

（1）防止电源极性接反保护　为了防止电源极性接反而损坏集成运放，可利用二极管进行保护，如图3-23所示。图中二极管 V_1、V_2 串入集成运放直流电源电路中，当电源极性反接时，相应的二极管便截止，从而保护了集成运放。

（2）输入保护电路　输入信号过大会影响集成运放的性能，甚至造成集成运放的损坏。图3-24所示是利用二极管 V_1、V_2 和电阻 R 构成双向限幅电路，对输入信号幅度加以限制。无论信号的正向电压或反向电压哪一个超过二极管的导通电压，两个二极管总会有一个导通，从而可限制输入信号，起到保护的作用。

（3）输出保护电路　为了防止输出端触及过高电压而引起过电流或击穿，在集成运放输出端可接入两个对接的稳压二极管加以保护，如图3-25所示。它可以将输出电压限制在 $(U_Z + U_D)$ 范围内，其中 U_Z 是稳压二极管的稳压值，U_D 是稳压二极管的正向导通电压降。

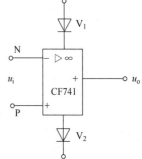

图3-23　集成运放电源保护电路

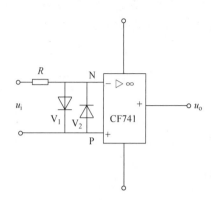

图 3-24　输入保护电路

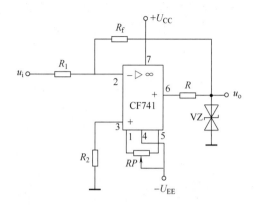

图 3-25　输出保护电路

考证要点

> **知识点**：在电压比较器中，集成运放工作在非线性区，输出电压只有两种，即正向或负向饱和电压 $\pm U_{om}$。调零的方法有外接调零电位器调零和在输入端外加补偿电压调零。集成运放调零时，应将输入端对地短路。

试题精选：

（1）调零电路有外接调零电位器 RP 的调零电路和（　　　）输入调零电路。

（2）外接调零电位器调零时，首先将（　　　）对地短路，然后通过调整（　　　）的阻值进行调零。

【练习题】

1. 填空题

（1）矩形波-三角波发生器由（　　　）和（　　　）组成。

（2）由于集成运放具有（　　　）的电压放大倍数，极易产生（　　　）。

（3）输出端保护电路是利用在输出端接（　　　）进行，其输出电压的幅值是（　　　）。

（4）输入信号过大会影响集成运放的（　　　），甚至造成集成运放的（　　　）。

2. 判断题

（1）集成运放调零时，应在输入信号作用下进行。（　　　）

（2）在集成运放输出端接两个对接的稳压二极管是为了防止输出端触及过高电压而引起过电流或击穿。

（3）输入信号过大会影响集成运放的性能，甚至造成集成运放的损坏。（　　　）

（4）集成运放调零电路只有同相输入调零电路。（　　　）

（5）在矩形波-三角波发生器中，集成运放 A_1 工作在线性区。（　　　）

3. 选择题

（1）在矩形波-三角波发生器中，集成运放 A_2 工作在（　　　）。

A. 线性区　　　　　B. 非线性区　　　　　C. 正反馈状态　　　　　D. 饱和状态

（2）在矩形波-三角波发生器中，改变（　　　）可改变其振荡频率。

A. R_1 的值　　　　B. R_2 的值　　　　C. R_2 和 R_4 的比值　　　D. R_5

（3）为了防止电源极性接反而损坏集成运放，可利用二极管（ ）。

A. 并联在电源两端 B. 串联在输入端 C. 并联在输入端 D. 串联在电源端

（4）在输出保护电路中，R 的作用是（ ）。

A. 限流 B. 既限流又调压 C. 调压 D. 不起作用

（5）在反相输入调零电路中，当输出电压为负时应如何调节 RP？（ ）

A. 滑动端往上调 B. 滑动端往下调 C. 滑动端调至中间 D. 都可以

4. 计算题

在矩形波-三角波发生器中，设 $R_2 = 10\text{k}\Omega$，其他参数如图 3-17 所示，试计算矩形波-三角波发生器的振荡周期及输出矩形波信号的幅值。

三人表决器电路

4

本单元主要介绍数字电路的特点，三种基本逻辑关系，三种基本门电路，逻辑符号和工作原理分析，真值表的列写方法，门电路的应用，以及三人表决器电路装配与调试方法。

任务1　基本逻辑门电路的装配与调试

🥕 任务描述

本任务主要介绍数字电路的特点，三种基本逻辑关系，三种基本门电路的组成、逻辑符号和工作原理分析，真值表的列写方法，三种基本门电路的装配与调试方法。

👉 任务分析

本任务要求根据电路原理图，按工艺要求装配与调试电路。通过二极管与门、或门，晶体管非门电路的装配与调试，掌握基本门电路的特点，以及电路输入/输出信号之间的逻辑关系。其电路原理图如图4-1所示。

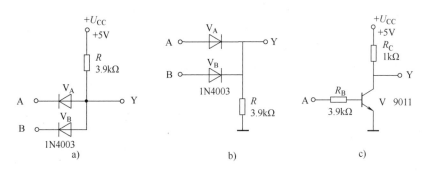

图4-1　基本门电路原理图
a）二极管与门电路　b）二极管或门电路　c）晶体管非门电路

📖 相关知识

1. 数字电路

电子电路的工作信号可分为模拟信号和数字信号两种类型。

（1）模拟信号　模拟信号是指在时间和数值上都是连续变化的信号（见图4-2a），如由声音、温度、压力等物理量转化的电压信号或电流信号。用以处理模拟信号的电路称为模拟电路。

（2）数字信号　数字信号是一种离散信号，它的变化在时间和数值上都是不连续的，如图4-2b所示。例如，电子表的秒信号、计数器的计数信号等，它们的变化发生在一系列离散的瞬间。用来处理数字信号的电路称为数字电路。

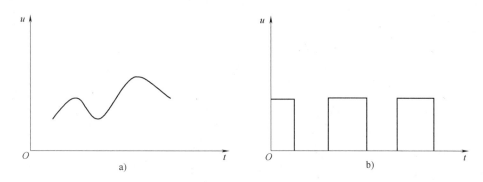

图4-2　模拟信号和数字信号

a）模拟信号　b）数字信号

2. 数字电路的特点

1）数字电路的工作信号是数字信号，它是突变的电压或电流，只有两个可能的状态，有或是无。因此，数字电路中二极管、晶体管大多工作在开关状态，利用晶体管导通和截止两种不同的工作状态，代表不同的数字信息，以完成信号的传递和处理任务。

2）数字电路的基本单元电路比较简单，对元器件的精度要求也不太严格，有利于电路的集成和大批量生产。它具有使用方便、可靠性高、价格低廉等优点。

3）在数字电路中，重点研究输入信号和输出信号之间的逻辑关系。电路功能的表示方法常采用功能表、真值表、逻辑函数式、特性方程以及状态图等。

3. 逻辑关系

所谓逻辑关系，就是指事情发生发展的因果关系。在电路上，就是指电路输入/输出状态之间的对应关系。

4. 三种基本逻辑关系及其门电路

（1）与逻辑关系　当决定一件事情的各个条件全部具备时，这件事情才会发生，这样的因果关系称为与逻辑关系。

实际生活中，这种与的逻辑关系比比皆是。例如在图4-3所示电路中，只有当开关A与B全闭合时，灯Y才会亮，所以对灯亮来说，开关A、B闭合是与逻辑关系，并记作 $Y = A \cdot B$，读作Y等于A与B。电路的控制关系见表4-1，这种表示电路控制功能的表格称为功能表。

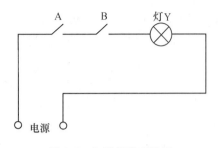

图 4-3　与逻辑关系举例

表 4-1　与逻辑关系举例功能表

开关 A	开关 B	灯 Y
断开	断开	灭
断开	闭合	灭
闭合	断开	灭
闭合	闭合	亮

（2）与门电路　实现与逻辑关系的电路称为与门电路。

1）电路和符号。如图 4-4 所示，A、B 是输入信号，它们在低电平时为 0V，高电平时为 3V；Y 是输出信号。

2）工作原理。对于图 4-4a 所示电路，两个输入信号有四种不同取值，相应的输出可以通过估算求出，进而可得到输入与输出之间的逻辑关系。

① $U_A = U_B = 3V$，即均为高电平。由于 V_A、V_B 正极均通过电阻 R 接到电源 +5V，都是正向接法，故必然都导通，所以输出电压为高电平，即

$$U_Y = U_A + U_D = (3 + 0.7)V = 3.7V$$

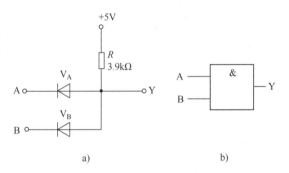

图 4-4　二极管与门的电路和符号

a）电路　b）符号

其中，U_A、U_B 分别为 A、B 点的电压，U_Y 为 Y 点的电压，U_D 为 V_A、V_B 导通时的管子电压降。

② $U_A = 3V$，$U_B = 0V$，即一高一低。此时，V_B 导通，输出电压为低电平，即

$$U_Y = U_B + U_D = (0 + 0.7)V = 0.7V$$

二极管 V_A 承受反向电压，截止。

③ 同理当 $U_A = 0V$，$U_B = 3V$ 时，V_A 导通、V_B 截止，输出电压为低电平，即

$$U_Y = U_A + U_D = (0 + 0.7)V = 0.7V$$

④ $U_A = U_B = 0V$，且均为低电平。同理，由于 V_A、V_B 正极均通过电阻 R 接到电源 +5V，都是正向接法，故必然都导通，所以输出电压为低电平，即

$$U_Y = U_A + U_D = (0 + 0.7)V = 0.7V$$

整理四种不同输入情况下估算的结果可得电压功能表（见表 4-2）——反映电路输入、输出电平高低对应关系的表格，简称电压功能表。

表 4-2　二极管与门电路的电压功能表

U_A/V	U_B/V	U_Y/V	U_A/V	U_B/V	U_Y/V
0	0	0.7	3	0	0.7
0	3	0.7	3	3	3.7

由表4-2可知，要输出 U_Y 为高电平，U_A 与 U_B 必须全部是高电平，所以是与逻辑关系，故图4-4a所示是与门电路。

3）关于高、低电平的概念。前面已有多处用到了高电平和低电平的概念，以后还要经常使用。其实电平就是电位（电路中某点对参考点的电压），在数字电路中，人们习惯于用高、低电平来描述电位的高低。高电平是一种状态，而低电平则是另外一种不同的状态，它们表示的是一定的电压范围，而不是一个固定不变的数值。例如在 TTL 电路中，通常规定高电平的额定值为3V，低电平的额定值为0.2V，而0~0.8V都算作低电平，2~5V都算作高电平，如图4-5所示。如果超出规定的范围（高电平的上限值和低电平的下限值）则不仅会破坏电路的逻辑功能，而且还可能造成器件性能下降甚至损坏。

4）与逻辑真值表。为了方便起见，在数字电路中，经常用符号1和0表示高电平和低电平。如果用1表示高电平，用0表示低电平，用A、B表示 U_A、U_B，用 Y 表示 U_Y，代入表4-2中，则可得表4-3所示的与逻辑真值表。即用文字和符号1、0组成的表格称为逻辑真值表，简称为真值表。逻辑真值表能准确地描述输入和输出之间的逻辑关系。由表4-3可以看出，输入信号 A、B 与输出信号 Y 之间的关系和算术中的乘法相同，因此也把这种与的逻辑关系叫作逻辑乘法，其表达式为

$$Y = A \cdot B \tag{4-1}$$

式中，"·"表示 A、B 相乘，式（4-1）不仅可读作 Y 等于 A 与 B，而且也可读作 Y 等于 A 乘 B。

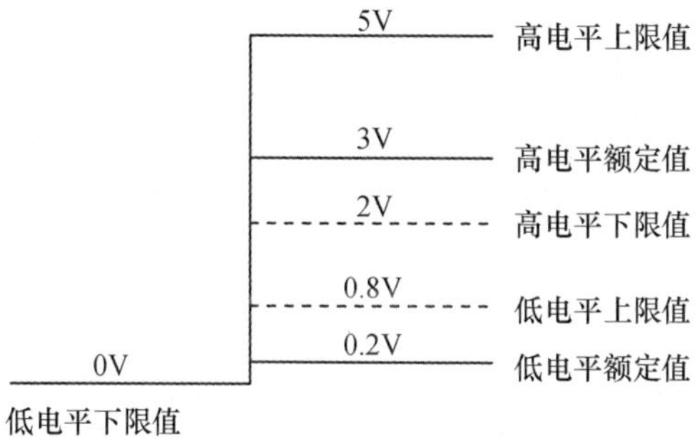

图4-5　TTL 电路高、低电平的变化范围

表 4-3　与门电路的逻辑真值表

A	B	Y
0	0	0
0	1	0
1	0	0
1	1	1

（3）或逻辑关系　当决定一件事情的各个条件中，只要具备一个或者一个以上的条件，这件事情就会发生，这样的因果关系称为或逻辑关系。或逻辑关系在实际生活中也很多。例如在图4-6所示电路中，对于灯 Y 亮来说，开关 A、B 闭合是或逻辑关系。因为 A 或者 B，只要有一个闭合，灯就会亮，并记作 Y = A + B，读作 Y 等于 A 或 B，逻辑关系举例功能表见表4-4。

（4）或门电路　实现或逻辑关系的电路称为或门电路。

1）电路和符号。如图4-7所示，A、B 是输入信号，Y 是输出信号。

2）工作原理。如图4-7a所示电路，通过类似于二极管与门电路那样的分析估算，可以列出电压功能表见表4-5。

由表4-5可知，输入信号 U_A 或者 U_B，只要有一个为高电平，输出 U_Y 就是高电平，所以是或逻辑关系，故图4-7a所示电路是或门电路。

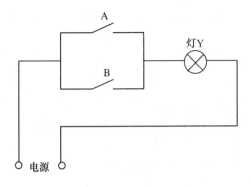

图 4-6　或逻辑关系举例

表 4-4　或逻辑关系举例功能表

开关 A	开关 B	灯 Y
断开	断开	灭
断开	闭合	亮
闭合	断开	亮
闭合	闭合	亮

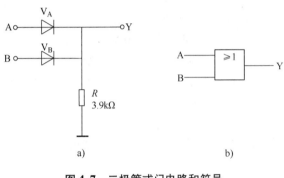

图 4-7　二极管或门电路和符号
a）电路　b）符号

表 4-5　二极管或门电路的电压功能表

U_A/V	U_B/V	U_Y/V
0	0	0
0	3	2.3
3	0	2.3
3	3	2.3

如果用符号 1 表示高电平，用符号 0 表示低电平，则可得到或逻辑真值表，见表 4-6。由表 4-6 可以看出，输入信号 A、B 与输出信号 Y 之间的关系和算数中的加法很相似，因此也把这种或的逻辑关系叫作逻辑加法，其表达式为

$$Y = A + B \tag{4-2}$$

式中，"+"表示 A 和 B 相加，式（4-2）不仅可以读作 Y 等于 A 或 B，而且也可读作 Y 等于 A 和 B。要注意的是，这里 1 + 1 = 1，1 + 1 ≠ 2，因为是逻辑加，而不是一般的算术加，所以 A、B、Y 的取值都只有两种可能，不是 1 就是 0。这里的 1 和 0 表示两个不同状态——高电平和低电平，没有数量的意思。Y = A + B 表示对 Y 来说，A 和 B 之间是或的逻辑关系。

表 4-6　或门电路的逻辑真值表

A	B	Y	A	B	Y
0	0	0	1	0	1
0	1	1	1	1	1

3）关于正逻辑和负逻辑的概念。如果用 1 表示高电平，用 0 表示低电平，则称为正逻辑；如果用 0 表示高电平，用 1 表示低电平，则称为负逻辑。*以后没有特殊说明，就意味着是正逻辑*。

（5）非逻辑关系　非就是反，就是否定。例如在图 4-8 所示电路中，开关 A 闭合与灯亮就是非的逻辑关系。因为当 A 闭合时，灯灭；A 断开时灯亮，见表 4-7，并记作 $Y = \overline{A}$，A 上面的一横读作非或者反，等式读作 Y 等于 A 反或 A 非。

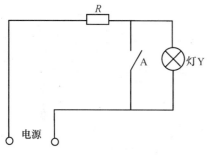

表 4-7 非逻辑关系举例功能表

开关 A	灯 Y
断开	亮
闭合	灭

图 4-8 非逻辑关系举例

（6）非门电路（反相器） 实现非逻辑关系的电路称为非门电路。

1）电路和符号。如图 4-9 所示，U_i 为输入信号，U_o 为输出信号。

2）工作原理

① 当输入为低电平 $U_i = 0V$ 时，晶体管截止，输出高电平 $U_o = +5V$。

② 当输入为高电平 $U_i = 3V$ 时，晶体管饱和，输出低电平 $U_o = +0.3V$。

至此，可以得出图 4-9a 所示电路为非门。非逻辑关系表达式为

$$Y = \overline{A} \tag{4-3}$$

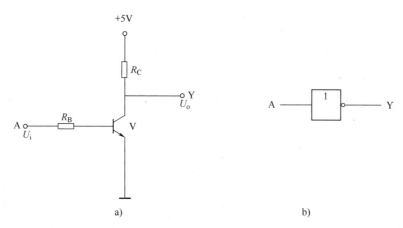

图 4-9 非门电路的电路和符号

a）电路 b）符号

表 4-8、表 4-9 分别为非门电路的电压功能表和真值表。

表 4-8 非门电路的电压功能表

U_i/V	U_o/V
0	5
3	0.3

表 4-9 非门电路的真值表

A	Y
0	1
1	0

✎ 任务准备

准备所需仪表、工具：常用电子组装工具一套、直流稳压电源一台、逻辑笔一支、万用

表一只。所需电子元器件及材料见表4-10。

表4-10 电子元器件及材料

代 号	名 称	规 格	数量/只	代 号	名 称	规 格	数量/只
R	碳膜电阻器	3.9kΩ	2	V_B	二极管	1N4003	2
R_B	碳膜电阻器	3.9kΩ	1		万能电路板		
R_C	碳膜电阻器	1kΩ	1		φ0.8mm 镀锡铜丝		
V	晶体管	9011	1		焊料、助焊剂		
V_A	二极管	1N4003	2		多股软导线		

✔ 任务实施

1. 检测与筛选元器件

对电路中使用的元器件进行检测与筛选。

2. 装配电路

按照电路原理图（见图4-1）分别对二极管与门电路、二极管或门电路和晶体管非门电路进行装配，装配工艺要求为：

1）电阻器均采用水平安装，要求贴紧电路板，电阻器的色环方向应一致。

2）二极管采用水平安装，底部贴紧电路板，注意引脚应正确。

3）晶体管采用垂直安装，底部离开电路板5mm，注意引脚应正确。

4）布线正确，焊点合格，无漏焊、虚焊、短路现象。

3. 自检

装配完成后应首先进行自检，正确无误后才能进行调试。

（1）焊接检查 焊接结束后，首先检查电路有无漏焊、错焊、虚焊等问题。检查时可用尖嘴钳或镊子将每个元器件拉一拉，看有无松动，如果发现有松动现象，应重新焊接。

（2）元器件检查 检查二极管、晶体管引脚有无接错。

（3）接线检查 对照电路原理图检查接线是否正确，有无接错，是否有碰线、短路现象。

4. 调试要求及方法

1）分别用万用表和逻辑笔对二极管与门电路逻辑关系进行测试，将测试结果填入表4-11。

2）分别用万用表和逻辑笔对二极管或门电路逻辑关系进行测试，将测试结果填入表4-12。

3）分别用万用表和逻辑笔对晶体管非门电路逻辑关系进行测试，将测试结果填入表4-13。

表 4-11　与门电路测试结果

输入电压		输出电压	输出状态
U_A/V	U_B/V	U_Y/V	
0	0		
0	3		
3	0		
3	3		

表 4-12　或门电路测试结果

输入电压		输出电压	输出状态
U_A/V	U_B/V	U_Y/V	
0	0		
0	3		
3	0		
3	3		

表 4-13　非门电路测试结果

输入电压	输入状态	输出电压	输出状态
U_A/V		U_Y/V	
0.3			
3			

✍ 检查评议

评分标准见表 4-14。

表 4-14　评分标准

序号	项目内容	评分标准	配分	扣分	得分
1	元器件安装	1. 元器件不按规定方式安装,扣 10 分 2. 元器件极性安装错误,扣 10 分 3. 布线不合理,扣 10 分	30 分		
2	焊接	1. 焊点有一处不合格,扣 2 分 2. 剪脚留头长度有一处不合格,扣 2 分	20 分		
3	测试	1. 关键点电位不正常,扣 10 分 2. 逻辑笔使用不正确,扣 10 分 3. 仪器仪表使用错误,扣 10 分	30 分		
4	安全文明操作	1. 不爱护仪器设备,扣 10 分 2. 不注意安全,扣 10 分	20 分		
5	合计		100 分		
6	时间	90min			

💡 注意事项

1) 测试中注意逻辑笔的电源极性不能接反,否则会导致测试结果错误。

2) 当测得某些逻辑关系不正确时,应检查二极管、晶体管是否完好,极性接法是否正确,电源极性接法是否正确等,直至排除故障。

考证要点

> **知识点：** 在数字电路中，基本逻辑关系有与、或、非三种，实现这三种逻辑关系的电路分别称为与门电路、或门电路和非门电路，简称与门、或门、非门。重点掌握它们的逻辑符号、功能表、表达式和真值表。门电路的输入/输出状态只有两种，即高电平和低电平，分别用符号1和0表示。1和0不代表具体数量的大小，只是表示两种不同的状态。

试题精选：

（1）与逻辑关系的表达式为（ B ）。

A. $Y = A + B$ B. $Y = A \cdot B$ C. $Y = \overline{A \cdot B}$ D. $Y = \overline{A + B}$

（2）或逻辑关系的表达式为（ A ）。

A. $Y = A + B$ B. $Y = A \cdot B$ C. $Y = \overline{A \cdot B}$ D. $Y = \overline{A + B}$

（3）非逻辑关系的表达式为（ D ）。

A. $Y = A + 1$ B. $Y = A$ C. $Y = \overline{A \cdot B}$ D. $Y = \overline{A}$

【练习题】

1. 填空题

（1）TTL电路中，常规定高电平的额定值为（   ）V，低电平的额定值为（   ）V。

（2）TTL电路中，0~0.8V都算作（   ），2~5V都算作（   ）。

（3）数字电路逻辑功能的表示方法常采用功能表、（   ）、逻辑函数式、（   ）和状态图等。

（4）数字电路中，利用晶体管（   ）不同的工作状态，代表不同的数字（   ）。

（5）基本逻辑关系有与、（   ）和（   ）三种。

2. 判断题

（1）与门电路的逻辑功能是输入有1，输出为1。（   ）

（2）数字电路中，晶体管工作在放大状态。（   ）

（3）用1表示高电平，用0表示低电平是正逻辑。（   ）

（4）非逻辑就是否定逻辑。（   ）

（5）或门电路的逻辑功能是输入有0，输出为0。（   ）

3. 选择题

（1）与逻辑关系为（   ）。

A. 输入有1，输出为1   B. 输入有0，输出为0

C. 输入全1，输出为0   D. 输入有0，输出为1

（2）或逻辑关系为（   ）。

A. 输入有1，输出为1   B. 输入有0，输出为0

C. 输入全1，输出为0   D. 输入有0，输出为1

（3）非逻辑关系为（   ）。

A. 输入有1，输出为1   B. 输入有0，输出为0

C. 输入全1，输出为1   D. 输入为0，输出为1

（4）TTL门电路中，低电平的上限值为（   ）。

A. 0.8V　　　　　　B. 0.7V　　　　　　C. 2V　　　　　　D. 3V

（5）TTL 门电路中，高电平的下限值为（　　）。

A. 0.8V　　　　　　B. 0.7V　　　　　　C. 2V　　　　　　D. 3V

4. 简答题

（1）什么是高电平？什么是低电平？TTL 电路的高、低电平是如何规定的？

（2）什么是与逻辑关系？写出其真值表。

（3）什么是或逻辑关系？写出其真值表。

（4）分别画出与门、或门、非门的逻辑符号，写出其逻辑表达式。

任务2　三人表决器电路的装配与调试

任务描述

本任务主要介绍三人表决器的电路组成及工作原理，三人表决器电路装配与调试以及电路故障排除方法。

任务分析

本任务要求根据电路原理图，按工艺要求装配与调试电路。通过三人表决器电路的装配与调试，掌握数字控制电路的特点及分析方法，并能独立排除调试过程中出现的故障。

相关知识

1. 电路原理图

三人表决器电路原理图如图 4-10 所示。

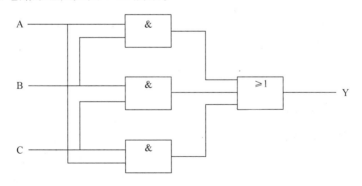

图 4-10　三人表决器电路原理图

2. 工作原理

电路供 A、B、C 三个人投票表决使用。每个人一个按键，赞成就按下按键，用"1"表示，不赞成就不按，用"0"表示。当两个或两个以上同意时，才能表决通过。表决结果用发光二极管来表示，亮表示通过，不亮表示不通过。

3. 逻辑表达式

根据电路逻辑功能列出三人表决器逻辑真值表，见表4-15。

表4-15 三人表决器逻辑真值表

A	B	C	Y
0	0	0	0
0	0	1	0
0	1	0	0
0	1	1	1
1	0	0	0
1	0	1	1
1	1	0	1
1	1	1	1

根据真值表得出表达式为：$Y = A \cdot B + B \cdot C + A \cdot C$ (4-4)

任务准备

准备所需仪表、工具：常用电子组装工具一套、直流稳压电源一台、逻辑笔一支、万用表一只。所需电子元器件及材料见表4-16。

表4-16 所需电子元器件及材料明细表

代号	名称	规格	数量（只）	代号	名称	规格	数量（只）
A	纽扣开关	ATE	1	—	或门	74LS32	1
B	纽扣开关	ATE	1		万能电路板		
C	纽扣开关	ATE	1		φ0.8mm 镀锡铜丝		
Y	发光二极管	LED	1		焊料、助焊剂		
—	与门	74LS08	3		多股软导线		

任务实施

1. 检测与筛选元器件

对电路中使用的元器件进行检测与筛选。

2. 电路装配

按照装配电路原理图装配电路。装配工艺要求为：
1）集成块底部贴紧电路板。
2）布线正确，焊点合格，无漏焊、虚焊、短路现象。

3. 自检

装配完成后应首先进行自检，正确无误后才能进行调试。

（1）焊接检查 焊接结束后，首先检查电路有无漏焊、错焊、虚焊等问题。检查时可用尖嘴钳或镊子将每个元器件拉一拉，看有无松动，如果发现有松动现象，应重新焊接。

（2）元器件检查 检查集成块管脚有无接错、短路、虚焊等。

（3）接线检查 对照装配电路原理图检查接线是否正确，有无接错，是否有碰线、短路现象。

4. 调试要求及方法

1）按表 4-16 的要求对电路进行调试，观察发光二极管的状态，将观察结果填入表 4-17。

2）分别用万用表和逻辑笔对各种输入状态下的各门电路逻辑关系进行测试，将测试结果填入表 4-17。

表 4-17 电路测试结果

开关状态			与门输出电压 /V	与门输出电压 /V	与门输出电压 /V	或门输出电压 /V
开关 A	开关 B	开关 C				
断开	断开	断开				
断开	断开	闭合				
断开	闭合	断开				
断开	闭合	闭合				
闭合	断开	断开				
闭合	断开	闭合				
闭合	闭合	断开				
闭合	闭合	闭合				

检查评议

评分标准见表 4-18。

表 4-18 评分标准

序号	项目内容	评分标准	配分	扣分	得分
1	元器件安装	1. 元器件不按规定方式安装，扣 10 分 2. 元器件极性安装错误，扣 10 分 3. 布线不合理，扣 10 分	30 分		
2	焊接	1. 焊点有一处不合格，扣 2 分 2. 剪脚留头长度有一处不合格，扣 2 分	20 分		
3	测试	1. 关键点电位不正常，扣 10 分 2. 逻辑笔使用不正确，扣 10 分 3. 仪器仪表使用错误，扣 10 分	30 分		
4	安全文明操作	1. 不爱护仪器设备，扣 10 分 2. 不注意安全，扣 10 分	20 分		
5	合计		100 分		
6	时间	90min			

【练习题】

简答题

（1）写出三人表决器逻辑表达式和真值表。

（2）分析三人表决器工作原理。

照明灯异地控制电路

5

本单元主要介绍复合逻辑门电路的逻辑符号、工作原理、真值表的列写方法，异地控制电路的装配与调试及其故障的排除方法。

任务1　复合逻辑门电路的装配与调试

✦ 任务描述

本任务主要介绍与非门电路、或非门电路的组成、逻辑符号及工作原理，与非门、或非门电路装配及调试，并能独立排除调试过程中出现的故障。

☞ 任务分析

本任务要求根据电路原理图，按工艺要求装配与调试电路。通过分立元件与非门、或非门电路的装配与调试，掌握复合门电路的特点，电路输入/输出信号之间的逻辑关系。其电路原理图如图 5-1 所示。

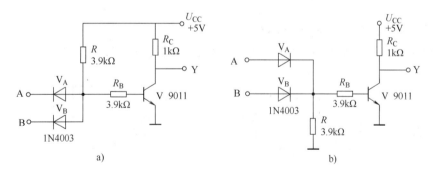

图 5-1　复合门电路原理图

a）与非门电路　b）或非门电路

📖 相关知识

1. 与非门

实现与非逻辑关系的电路称为与非门。

（1）电路和符号　如图 5-2 所示，A、B 是输入信号，Y 是输出信号。

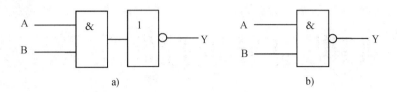

图 5-2　与非门电路和符号

a）电路　b）符号

（2）工作原理　与非门是由与门和非门结合而成的，即在与门之后接一个非门，就构成了与非门。与非门的逻辑表达式为

$$Y = \overline{A \cdot B} \tag{5-1}$$

式（5-1）读作 Y 等于 A 与 B 非。与非门的逻辑真值表见表 5-1。

表 5-1　与非门的逻辑真值表

A	B	Y	A	B	Y
0	0	1	1	0	1
0	1	1	1	1	0

由真值表可知，与非门的逻辑功能是输入有 0，则输出为 1；输入全 1，则输出为 0。

【与非门的特点】　与非门带负载能力强、抗干扰能力强，应用广泛。任何逻辑关系都可用与非门实现，与非运算具有完备性。

2. 或非门

实现或非逻辑关系的电路称为或非门。

（1）电路和符号　如图 5-3 所示，A、B 是输入信号，Y 是输出信号。

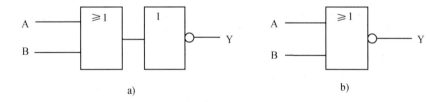

图 5-3　或非门电路和符号

a）电路　b）符号

（2）工作原理　或非门是由或门和非门结合而成的，即在或门之后接一个非门，就构成了或非门。或非门的逻辑表达式为

$$Y = \overline{A + B} \tag{5-2}$$

式（5-2）读作 Y 等于 A 或 B 非。或非门的逻辑真值表见表 5-2。

表5-2 或非门的逻辑真值表

A	B	Y	A	B	Y
0	0	1	1	0	0
0	1	0	1	1	0

由真值表可知，或非门的逻辑功能是输入有1，则输出为0；输入全0，则输出为1。

【或非门的特点】 或非门带负载能力强、抗干扰能力强，应用广泛。任何逻辑关系都可用或非门实现，或非运算具有完备性。

任务准备

准备所需仪表、工具：常用电子组装工具一套、直流稳压电源一台、逻辑笔一支、万用表一只。所需电子元器件及材料见表5-3。

表5-3 电子元器件及材料

代号	名称	规格	数量/只	代号	名称	规格	数量/只
R	碳膜电阻器	3.9kΩ	2	V_B	二极管	1N4003	2
R_B	碳膜电阻器	3.9kΩ	2		万能电路板		
R_C	碳膜电阻器	1kΩ	2		$\phi0.8mm$ 镀锡铜丝		
V	晶体管	9011	2		焊料、助焊剂		
V_A	二极管	1N4003	2		多股软导线		

任务实施

1. 检测与筛选元器件

对电路中使用的元器件进行检测与筛选。

2. 电路装配

按照电路原理图（见图5-1）分别对与非门电路、或非门电路进行装配。装配工艺要求为：

1）电阻器均采用水平安装，要求贴紧电路板，电阻器的色环方向应一致。

2）二极管采用水平安装，底部贴紧电路板，注意引脚应正确。

3）晶体管采用垂直安装，底部离开电路板5mm，注意引脚应正确。

4）布线正确，焊点合格，无漏焊、虚焊、短路现象。

3. 自检

装配完成后应首先进行自检，正确无误后才能进行调试。

（1）焊接检查 焊接结束后，首先检查电路有无漏焊、错焊、虚焊等问题。检查时可用尖嘴钳或镊子将每个元器件拉一拉，看有无松动，如果发现有松动现象，应重新焊接。

（2）元器件检查 检查二极管、晶体管引脚有无接错。

（3）接线检查　对照电路原理图检查接线是否正确，有无接错，是否有碰线、短路现象。

4. 调试要求及方法

1）分别用万用表和逻辑笔对与非门电路逻辑关系进行测试，将测试结果填入表 5-4。

2）分别用万用表和逻辑笔对或非门电路逻辑关系进行测试，将测试结果填入表 5-5。

表 5-4　与非门电路测试结果

输入电压		输出电压	输出状态
U_A/V	U_B/V	U_Y/V	
0	0		
0	3		
3	0		
3	3		

表 5-5　或非门电路测试结果

输入电压		输出电压	输出状态
U_A/V	U_B/V	U_Y/V	
0	0		
0	3		
3	0		
3	3		

✍ 检查评议

评分标准见表 5-6。

表 5-6　评分标准

序号	项目内容	评分标准	配分	扣分	得分
1	元器件安装	1. 元器件不按规定方式安装,扣 10 分 2. 元器件极性安装错误,扣 10 分 3. 布线不合理,扣 10 分	30 分		
2	焊接	1. 焊点有一处不合格,扣 2 分 2. 剪脚留头长度有一处不合格,扣 2 分	20 分		
3	测试	1. 关键点电位不正常,扣 10 分 2. 逻辑笔使用不正确,扣 10 分 3. 仪器仪表使用错误,扣 10 分	30 分		
4	安全文明操作	1. 不爱护仪器设备,扣 10 分 2. 不注意安全,扣 10 分	20 分		
5	合计		100 分		
6	时间	90min			

💡 注意事项

1）焊接时注意晶体管的引脚不能接错。

2）测试中注意逻辑笔电源极性不能接反，否则会导致测试错误。

知识扩展

1. TTL 集成与非门电路的组成及工作原理

TTL 与非门电路和符号如图 5-4 所示，它由输入级、中间级和输出级三部分组成。其中

R_1、多发射极晶体管 V_1 组成输入级，实现与的逻辑关系；R_2、V_2、R_3 组成中间级实现电压放大，从 V_2 的集电极和发射极输出两个相位相反的信号驱动输出级；V_3、V_4、V_5、R_4、R_5 组成输出级，实现非的逻辑关系。所以电路完成的是与非逻辑关系，即 $Y = \overline{A \cdot B}$。

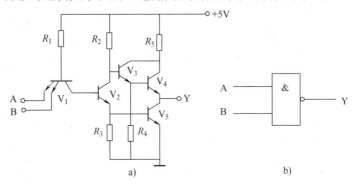

图 5-4   TTL 与非门电路和符号

a）电路   b）符号

2. 集成电路引脚排列

集成电路引脚的编号按逆时针方向排列，即将集成电路正面朝上，开口在左侧，左前方第 1 个引脚的编号为 1，右前方第 1 个引脚编号最大。一般情况下，左边最后一个引脚为电源的负极，右前方第 1 个引脚为电源的正极。

与非门 74LS00、或非门 74LS02、非门 74LS04、或门 74LS32、与门 74LS08 引脚排列如图 5-5 所示。

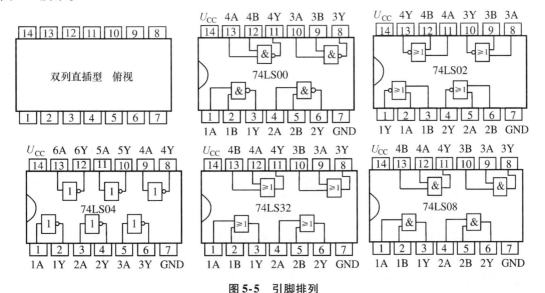

图 5-5   引脚排列

3. 常用 TTL 与非门

常用 TTL 与非门电路器件见表 5-7。

表 5-7 常用 TTL 与非门电路器件

品种代号	品 种 名 称	品种代号	品 种 名 称
00	四-二输入与非门	20	双四输入与非门
01	四-二输入与非门(OC)	21	双四输入与门
02	四-二输入或非门	22	双四输入与非门(OC)
03	四-二输入或非门(OC)	27	三-三输入或非门
04	六反相器	30	八输入与非门
05	六反相器(OC)	32	四-二输入或门
06	六高压输出反相缓冲/驱动器(OC,30V)	37	四-二输入与非缓冲器
07	六高压输出同相缓冲/驱动器(OC,30V)	40	双四输入与非缓冲器
08	四-二输入与门	136	四-二输入或非门(OC)
10	三-三输入与非门	245	八双向总线发送/接收器
12	三-三输入与非门(OC)		

考证要点

知识点：常用的复合门有与非门和或非门，重点掌握它们的逻辑符号、真值表及其逻辑表达式。

试题精选：

（1）与非门逻辑关系中，下列正确的表达式是（ D ）。

A. A=1、B=0、Y=0　　　　B. A=0、B=1、Y=0

C. A=0、B=0、Y=0　　　　D. A=1、B=1、Y=0

（2）或非门的逻辑功能为（ A ）。

A. 入1出0，全0出1　　　　B. 入1出1，全0出0

C. 入0出0，全1出1　　　　D. 入0出1，全1出0

（3）TTL 与非门的输入端全部同时悬空时，输出为（ B ）。

A. 零电平　　B. 低电平　　C. 高电平　　D. 可能是低电平，也可能是高电平

【练习题】

1. 填空题

（1）与非门是由（ ）和（ ）串联构成的。

（2）或非门是由（ ）和（ ）串联构成的。

（3）与非门带负载能力（ ），任何逻辑关系都可用（ ）实现。

（4）或非运算具有（ ），任何逻辑关系都可用（ ）实现。

（5）TTL 与非门是由输入级、（ ）和（ ）组成的。

2. 判断题

（1）与非运算具有完备性。（ ）

（2）用与非门只能实现与非逻辑关系。（ ）

（3）用或非门可以实现与逻辑关系。（ ）

（4）或非门的逻辑功能是输入有0，输出就为0。（ ）

（5）与非门的逻辑功能是输入有 1，输出就为 0。（　　　）

3. 选择题

（1）与非门的逻辑关系表达式为（　　　）。

A. $Y = A \cdot B$　　　　B. $Y = A + B$　　　　C. $Y = \overline{A + B}$　　　　D. $Y = \overline{A \cdot B}$

（2）或非门的逻辑关系表达式为（　　　）。

A. $Y = A \cdot B$　　　　B. $Y = A + B$　　　　C. $Y = \overline{A + B}$　　　　D. $Y = \overline{A \cdot B}$

（3）TTL 与非门的输入端悬空时，相当于输入信号为（　　　）。

A. 低电平　　　　　　　　　　　　B. 低电平的上限值

C. 高电平　　　　　　　　　　　　D. 高电平的上限值

（4）集成电路左边最后一个引脚为（　　　）。

A. 电源的正极　　　　　　　　　　B. 电源的负极

C. 与非门的输入端　　　　　　　　D. 与非门的输出端

4. 简答题

（1）什么是与非逻辑关系？写出其真值表。

（2）什么是或非逻辑关系？写出其真值表。

（3）分别画出与非门、或非门的逻辑符号并写出其逻辑表达式。

任务 2　照明灯异地控制电路的装配与调试

任务描述

本任务主要介绍照明灯异地控制电路装配与调试以及电路故障排除方法。

任务分析

本任务要求根据电路原理图，按工艺要求装配与调试电路。通过照明灯异地控制电路的装配与调试，掌握数字控制电路的特点及分析方法，并能独立排除调试过程中出现的故障。其电路原理图如图 5-6 所示。

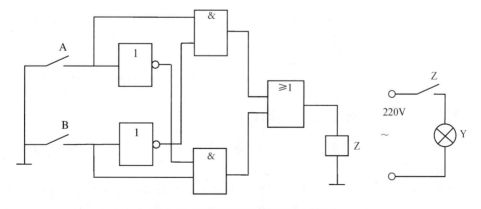

图 5-6　照明灯异地控制电路原理图

📖 相关知识

1. 异或门

实现异或逻辑关系的电路称为异或门。

（1）电路和符号　如图5-7所示，A、B是输入信号，Y是输出信号。

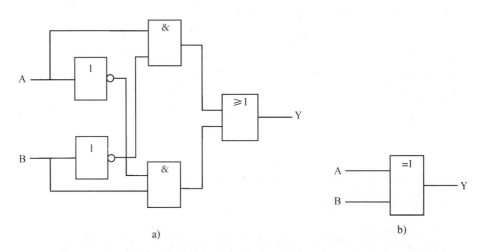

a)

图5-7　异或门电路和符号

a）电路　b）符号

（2）工作原理　异或门是由非门、与门和或门组合而成的。异或门的逻辑关系表达式为

$$Y = A \cdot \overline{B} + \overline{A} \cdot B = A \oplus B \tag{5-3}$$

式（5-3）读作Y等于A异或B。异或门的逻辑真值表见表5-8。

由真值表可知，异或门的逻辑功能是输入A、B取值相同，输出为0；输入A、B取值不同，输出为1。这样的因果关系称为异或逻辑关系。

表5-8　异或门的逻辑真值表

A	B	Y	A	B	Y
0	0	0	1	0	1
0	1	1	1	1	0

2. 照明灯异地控制电路及工作原理

（1）控制电路　如图5-6所示，图中A、B是安放在不同两地的控制开关，Z是直流继电器，Y是被控照明灯。

（2）工作原理　由图可知，控制电路是由两个开关和异或门组成的。当两个控制开关A、B状态相同时，异或门输出低电平，直流继电器Z不吸合，串联在照明灯电路中的常开触点断开，灯Y不亮；当两个控制开关A、B状态不同时，异或门输出高电平，直流继电器

Z 吸合，串联在照明灯电路中的常开触点闭合，灯 Y 点亮。

任务准备

准备所需仪表、工具：常用电子组装工具一套、直流稳压电源一台、逻辑笔一支、万用表一只。所需电子元器件及材料见表 5-9。

表 5-9　电子元器件及材料

代　号	名　称	规　格	数量/只	代　号	名　称	规　格	数量/只
A	纽扣开关	ATE	1	—	或门	74LS32	1
B	纽扣开关	ATE	1		万能电路板		
Y	灯	15W/220V	1		φ0.8mm 镀锡铜丝		
Z	直流继电器	G2R-1-5V	1		焊料、助焊剂		
—	非门	74LS04	2		多股软导线		
—	与门	74LS08	2				

任务实施

1. 检测与筛选元器件

对电路中使用的元器件进行检测与筛选。

2. 装配电路

按照电路原理图（见图 5-6）装配电路，装配工艺要求为：
1）集成电路底部贴紧电路板。
2）布线正确，焊点合格，无漏焊、虚焊、短路现象。

3. 自检

装配完成后应首先进行自检，正确无误后才能进行调试。

（1）焊接检查　焊接结束后，首先检查电路有无漏焊、错焊、虚焊等问题。检查时可用尖嘴钳或镊子将每个元器件拉一拉，看有无松动，如果发现有松动现象，应重新焊接。

（2）元器件检查　重点检查集成电路引脚有无接错、短路、虚焊等。

（3）接线检查　对照电路原理图检查接线是否正确，有无接错，是否有碰线、短路现象。

4. 调试要求及方法

1）按表 5-10 中的要求对电路进行调试，观察灯泡的状态，将观察结果填入表 5-10 中。
2）分别用万用表和逻辑笔对各种输入状态下的各门电路逻辑关系进行测试，将测试结果填入表 5-10。

表5-10 电路测试结果

开关状态		非门输出电压/V	与门输出电压/V	或门输出电压/V	继电器状态	灯状态
开关A	开关B					
断开	断开					
断开	闭合					
闭合	断开					
闭合	闭合					

 **检查评议**

评分标准见表5-11。

表5-11 评分标准

序号	项目内容	评分标准	配分	扣分	得分
1	元器件安装	1. 元器件不按规定方式安装,扣10分 2. 元器件极性安装错误,扣10分 3. 布线不合理,扣10分	30分		
2	焊接	1. 焊点有一处不合格,扣2分 2. 剪脚留头长度有一处不合格,扣2分	20分		
3	测试	1. 关键点电位不正常,扣10分 2. 逻辑笔使用不正确,扣10分 3. 仪器仪表使用错误,扣10分	30分		
4	安全文明操作	1. 不爱护仪器设备,扣10分 2. 不注意安全,扣10分	20分		
5	合计		100分		
6	时间	90min			

注意事项

1）焊接集成电路引脚时注意焊接时间不能超过2s,不能出现引脚粘连现象。

2）测试中为了安全起见,可用发光二极管代替继电器,只要发光二极管亮,代表灯亮。可不接220V交流照明电路。

知识扩展

异或门74LS86引脚排列,如图5-8所示。

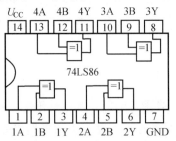

图5-8 异或门74LS86引脚排列

考证要点

> 知识点：异或门也是一种常用的复合门，其功能为输入 A、B 取值相同，输出为 0；输入 A、B 取值不同，输出为 1。重点掌握它的逻辑符号、表达式和真值表。

试题精选：

（1）异或门逻辑关系中，下列正确的表达式是（　A　）。

A. $A=1$、$B=0$、$Y=1$　　　　　　B. $A=0$、$B=1$、$Y=0$

C. $A=0$、$B=0$、$Y=1$　　　　　　D. $A=1$、$B=1$、$Y=1$

（2）异或门的逻辑功能表达式为（　C　）。

A. $Y=A \cdot B + \overline{A} \cdot B$　　　　　　B. $Y=\overline{A} \cdot \overline{B} + A \cdot B$

C. $Y=A \cdot \overline{B} + \overline{A} \cdot B$　　　　　　D. $Y=A \cdot B + B \cdot A$

【练习题】

1. 填空题

（1）异或门的输入端有（　　），当输入相同时，输出为（　　）。

（2）异或门的逻辑功能是输入相同，输出为（　　）；输入不同，输出为（　　）。

（3）异或门是一种（　　）门，可由（　　）组成。

2. 判断题

（1）异或门只能由与或非门组成。（　　）

（2）异或门是一种复合门。（　　）

（3）异或门可由与非门组成。（　　）

（4）异或门的输入端并联使用，可完成非门的逻辑关系。（　　）

3. 选择题

（1）异或门的输入端并联使用，其输出为（　　）。

A. 0　　　　　B. 1　　　　　C. 不定　　　　　D. A^2

（2）保证异或门输出为 1，要求输入必须（　　）。

A. 相同　　　B. 不同　　　C. 随意　　　D. 接地

（3）对异或门输出取非逻辑关系中，下列正确的表达式是（　　）。

A. $A=1$、$B=0$、$Y=1$　　　　　　B. $A=0$、$B=1$、$Y=0$

C. $A=0$、$B=0$、$Y=0$　　　　　　D. $A=1$、$B=1$、$Y=0$

4. 简答题

（1）什么是异或逻辑关系？写出其真值表。

（2）画出异或门的逻辑符号，并写出其逻辑表达式。

抢答器

6

本单元主要介绍基本 RS 触发器、同步 RS 触发器、JK 触发器、D 触发器的电路组成、逻辑符号和工作原理分析、真值表和特性方程表达式，JK 触发器转换成 D、T、T′ 触发器的方法，以及抢答器装配与调试方法。

任务1　基本 RS 触发器和同步 RS 触发器的装配与调试

🥕 任务描述

本任务主要介绍基本 RS 触发器、同步 RS 触发器的电路组成、逻辑符号及工作原理、真值表与特性方程，基本 RS 触发器与同步 RS 触发器的电路装配与调试以及电路故障排除方法。

👉 任务分析

本任务要求根据电路原理图，按工艺要求装配与调试电路。通过基本 RS 触发器、同步 RS 触发器的电路装配与调试，掌握触发器电路的特点及分析方法，并能独立排除调试过程中出现的故障。其电路原理图如图 6-1 所示。

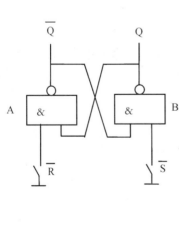

a)

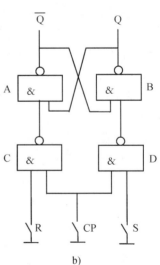

b)

图 6-1　RS 触发器电路原理图

a）基本 RS 触发器　b）同步 RS 触发器

📖 相关知识

1. 触发器的概念

电路具有"0"和"1"两个稳定状态，能接收、保持和输出传送过来的信号，这样的电路称为触发器。

2. 触发器的作用

1）触发器具有记忆功能，是构成时序电路的基本单元，是一种最简单的时序电路。

2）数字电路的工作信号是二进制数字信号，触发器就是存储这种数字信号的基本电路。

3. 基本 RS 触发器

（1）电路组成和符号　基本 RS 触发器是一种最简单的触发器，是构成各种功能触发器的基本单元。它可以由两个与非门或两个或非门组成，由两个与非门组成的基本 RS 触发器如图 6-2a 所示，其符号如图 6-2b 所示。电路有两个信号输入端 $\overline{R}$ 和 $\overline{S}$ 和两个互补的输出端 Q 和 $\overline{Q}$，通常将 Q 端的状态作为触发器的状态。例如，触发器为 1 状态，即 $Q=1$，$\overline{Q}=0$。

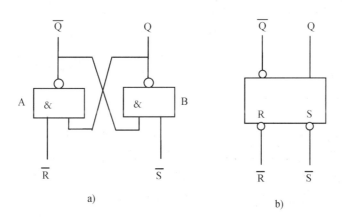

图 6-2　基本 RS 触发器

a）电路　b）符号

（2）工作原理　由图 6-2a 所示电路可知，与非门 A 的输出 $\overline{Q}$ 反馈到与非门 B 的输入端，与非门 B 的输出 Q 反馈到与非门 A 的输入端。设触发器的初始状态为 $Q=1$，$\overline{Q}=0$。

1）当输入端 $\overline{R}=\overline{S}=1$ 时，与非门 A 的输出 $\overline{Q}=0$，加到与非门 B 的输入端，因为与非门 B 有一个输入端为 0，所以输出必为 1；与非门 B 的输出 $Q=1$，加到与非门 A 的输入端，使得与非门 A 两个输入端全为 1，则与非门 A 输出必为 0。如果将触发器初始状态，即接收输入信号之前的状态，称为现态，用 Q^n 表示，触发器变化（又称为翻转）以后的状态，即接收输入信号之后的状态，称为次态，用 Q^{n+1} 表示，则有 $Q^{n+1}=Q^n=1$；如果设触发器的初始状态为 $Q=0$，$\overline{Q}=1$，同理可得 $Q^{n+1}=Q^n=0$。触发器维持原状态不变，即 $Q^{n+1}=Q^n$。

2）当输入端 $\overline{R}=0$，$\overline{S}=1$ 时，因为与非门 A 有一个输入端为 0，所以输出必为 1，与非门 A 的输出 $\overline{Q} = 1$，加到与非门 B 的输入端，使得与非门 B 的两个输入端全为 1，则与非门 B 的输出必为 0，即 $Q^{n+1} = 0$。由此可见，无论触发器原来为何状态，当输入端 $\overline{R} = 0$，$\overline{S} = 1$ 时，都将使触发器的次态 $Q^{n+1} = 0$，即称为触发器被置 0，又称为触发器被"复位"。

3）当输入端 $\overline{R} = 1$，$\overline{S} = 0$ 时，无论触发器原来为何状态，都将使触发器的次态 $Q^{n+1} = 1$，即称为触发器被置 1，又称为触发器被"置位"。

4）当输入端 $\overline{R} = \overline{S} = 0$ 时，因为与非门 A、B 输入端都有 0，所以将使输出 Q 和 $\overline{Q}$ 同时为 1，即 $Q = \overline{Q} = 1$，违背了正常工作互补输出的原则，此时若两个输入信号同时由 0 返回 1，则触发器的输出状态由两个与非门传输时间的长短而决定，难以确定此时 Q 端是 0 还是 1，称此时触发器的状态不定。这种情况在触发器正常工作时不允许出现。

基本 RS 触发器的真值表见表 6-1，由表可知，基本 RS 触发器具有置 0、置 1 和保持的功能。

表 6-1　基本 RS 触发器的真值表

$\overline{R}$	$\overline{S}$	Q^n	Q^{n+1}	功　能
0	0	0	×	不定
0	0	1	×	
0	1	0	0	置 0
0	1	1	0	
1	0	0	1	置 1
1	0	1	1	
1	1	0	0	保持
1	1	1	1	

将具有置 0、置 1 和保持功能的触发器定义为 RS 触发器。$\overline{R}$ 输入端称为置 0 端，$\overline{S}$ 输入端称为置 1 端；同理，输入信号 $\overline{R}$ 称为置 0 信号或复位信号，输入信号 $\overline{S}$ 称为置 1 信号或置位信号。输入信号低电平有效，即输入为 0 时代表有信号输入，输入为 1 时代表无信号输入。表示 RS 触发器输入、输出信号之间逻辑关系的特性方程是

$$\begin{cases} Q^{n+1} = S + \overline{R}Q^n \\ RS = 0 \quad (约束条件) \end{cases} \tag{6-1}$$

（3）电路特点　基本 RS 触发器的优点是电路简单，可以存放一位二进制数；其缺点是输入信号直接控制输出，当输入信号出现扰动时，输出状态随之发生变化，抗干扰能力差，同时输入信号之间有约束，使用不方便。

4. 同步 RS 触发器

（1）电路和符号　同步 RS 触发器电路和符号如图 6-3 所示。图中 A 门、B 门组成基本 RS 触发器，C 门、D 门是控制门，CP 是时钟控制信号，又称为选通脉冲。为了克服基本 RS 触发器直接控制的缺点，在电路中接入两个控制门，引入一个时钟控制信号，让输入信号通过控制门传输。

（2）工作原理　当时钟控制脉冲（简称时钟脉冲）CP = 0 时，控制门 C 门、D 门被封

锁，输入通道被切断，无论输入信号如何变化，都加不到基本 RS 触发器的输入端，C 门、D 门输出恒等于 1，基本 RS 触发器保持原状态不变。当时钟脉冲 CP = 1 时，控制门 C 门、D 门打开，接收输入信号，C 门、D 门的输出分别为 $\overline{R}$ 和 $\overline{S}$，从而实现 RS 触发器的功能。同步 RS 触发器的真值表、特性方程与基本 RS 触发器的相同，只不过它的有效时钟条件是 CP = 1，即表 6-1 和式（6-1）所表示的逻辑关系。在同步 RS 触发器中，只有当时钟脉冲 CP 上升沿到来后才有效。输入信号 R、S 为高电平有效，即当 R = 1 或 S = 1 时代表有信号输入，当 R = 0 或 S = 0 时代表没有信号输入。

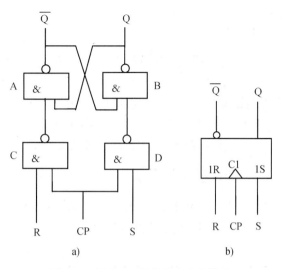

图 6-3 同步 RS 触发器电路和符号
a）电路 b）符号

（3）电路特点

1）选通控制，提高了电路的抗干扰能力。

2）在 CP = 1 期间，输入信号 R、S 不允许同时为 1，输入信号依然存在约束。

任务准备

准备所需仪表、工具：常用电子组装工具一套、直流稳压电源一台、逻辑笔一支、万用表一只。所需电子元器件及材料见表 6-2。

表 6-2 电子元器件及材料

代 号	名 称	规 格	数量/只	代 号	名 称	规 格	数量/只
	纽扣开关	ATE	5		万能电路板		
	与非门	74LS00	6		焊料、助焊剂		
	镀锡铜丝	$\phi 0.8\text{mm}$			多股软导线		

任务实施

1. 检测与筛选元器件

对电路中使用的元器件进行检测与筛选。

2. 装配电路

按照电路原理图（见图 6-1）分别对基本 RS 触发器、同步 RS 触发器进行装配。装配工艺要求为：

1）集成电路底部贴紧电路板。

2）布线正确，焊点合格，无漏焊、虚焊、短路现象。

3. 自检

装配完成后应首先进行自检，正确无误后才能进行调试。

（1）焊接检查 焊接结束后，首先检查电路有无漏焊、错焊、虚焊等问题。检查时可用尖嘴钳或镊子将每个元器件拉一拉，看有无松动，如果发现有松动现象，应重新焊接。

（2）元器件检查 重点检查集成电路引脚有无接错、短路、虚焊等。

（3）接线检查 对照电路原理图检查接线是否正确，有无接错，是否有碰线、短路现象。

4. 调试要求及方法

1）分别对基本 RS 触发器、同步 RS 触发器通电调试，使各电路满足逻辑功能的要求。

2）分别用逻辑笔测试各触发器的逻辑功能，填写各触发器的真值表（见表 6-3、表 6-4）。

表 6-3　基本 RS 触发器真值表

$\overline{R}$	$\overline{S}$	Q	$\overline{R}$	$\overline{S}$	Q
0	0		1	0	
0	1		1	1	

表 6-4　同步 RS 触发器真值表

CP	R	S	Q	CP	R	S	Q
0	0	0		1	0	0	
0	0	1		1	0	1	
0	1	0		1	1	0	
0	1	1		1	1	1	

✍ 检查评议

评分标准见表 6-5。

表 6-5　评分标准

序号	项目内容	评分标准	配分	扣分	得分
1	元器件安装	1. 元器件不按规定方式安装，扣 10 分 2. 元器件极性安装错误，扣 10 分 3. 布线不合理，扣 10 分	30 分		
2	焊接	1. 焊点有一处不合格，扣 2 分 2. 剪脚留头长度有一处不合格，扣 2 分	20 分		
3	测试	1. 关键点电位不正常，扣 10 分 2. 逻辑笔使用不正确，扣 10 分 3. 仪器仪表使用错误，扣 10 分	30 分		
4	安全文明操作	1. 不爱护仪器设备，扣 10 分 2. 不注意安全，扣 10 分	20 分		
5	合计		100 分		
6	时间	90min			

注意事项

1）焊接集成电路引脚时注意焊接时间不能超过 2s，不能出现引脚粘连现象。

2）测试中若某些逻辑关系不正确，则应检查与非门 74LS00 是否完好，进行故障排除。

知识扩展

RS 触发器 74LS279 的外引线排列如图 6-4 所示。

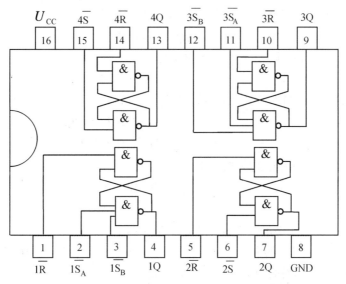

图 6-4 RS 触发器 74LS279 的外引线排列

考证要点

知识点：触发器是构成时序电路的基本单元，触发器具有"0"和"1"两个稳定状态。当输入某一规定的触发信号后，它的输出状态能被置"0"或者置"1"；当输入信号消失后，它的输出状态保持不变，即触发器具有记忆功能。常见的 RS 触发器有基本 RS 触发器和同步 RS 触发器（又称为钟控 RS 触发器）。RS 触发器具有置"0"、置"1"和保持的功能，输入信号的取值有约束，即要求 RS＝0。重点掌握 RS 触发器的逻辑符号、功能、真值表和特性方程以及输入信号的约束条件。

试题精选：

（1）RS 触发器的特性方程为（$Q^{n+1} = S + \overline{R}Q^n$），约束条件是（RS＝0）。

（2）RS 触发器，当 $\overline{R}＝1$、$\overline{S}＝0$ 时，触发器的状态为（ A ）。

A. 置 1　　　　　B. 置 0　　　　　　　C. 不变　　　　　D. 不定

（3）RS 触发器，当 $\overline{R}＝0$、$\overline{S}＝1$ 时，触发器的状态为（ B ）。

A. 置 1　　　　　B. 置 0　　　　　　　C. 不变　　　　　D. 不定

【练习题】

1. 填空题

（1）触发器具有记忆的（　　　），可以用来存储（　　　）。

（2）RS 触发器输入信号之间有（　　　），使用（　　　）。

（3）基本 RS 触发器输入信号（　　　）控制（　　　）信号，电路的抗干扰能力差。

（4）同步 RS 触发器输出状态的（　　　）与时钟脉冲（　　　）。

（5）同步 RS 触发器的输入信号之间有（　　　），起作用的时间受时钟脉冲的（　　　）。

2. 判断题

（1）RS 触发器的输入信号取值是任意的。（　　　）

（2）RS 触发器具有计数的功能。（　　　）

（3）一个触发器可以存放一位二进制数。（　　　）

（4）RS 触发器具有置"0"、置"1"和保持的功能。（　　　）

（5）同步 RS 触发器的输入信号之间没有约束。（　　　）。

3. 选择题

（1）触发器是由门电路组成的，它的特点是（　　　）。

A. 与门电路相同　　　　　　　　　　B. 有记忆的功能

C. 没有记忆的功能　　　　　　　　　D. 是组合电路

（2）RS 触发器特性方程的约束条件是（　　　）。

A. $RS = 0$　　　　　　　　　　　　B. $RS = 1$

C. 无约束　　　　　　　　　　　　　D. $\overline{R}\,\overline{S} = 0$

（3）同步 RS 触发器状态的改变发生在时钟脉冲的（　　　）。

A. 下降沿　　　　　B. 低电平　　　　　C. 高电平　　　　　D. 上升沿

（4）同步 RS 触发器的输入信号是（　　　）有效。

A. 高电平　　　　　B. 低电平　　　　　C. 任意　　　　　D. 下降沿

4. 作图题

（1）画出 RS 触发器的真值表并写出其特性方程。

（2）画出 RS 触发器的逻辑电路图和代表符号。

（3）画出同步 RS 触发器的逻辑电路图和代表符号，写出真值表。

任务 2　JK 触发器的装配与调试

✿ 任务描述

本任务主要介绍 JK、D 触发器的电路组成，JK、D、T、T′触发器逻辑符号、工作原理、真值表与特性方程，JK 触发器转换成 D、T、T′触发器，JK 触发器的电路装配与调试及故障排除。

☞ 任务分析

本任务要求根据电路原理图，按工艺要求装配与调试电路。通过 JK 触发器的电路装配与调试，掌握 JK 触发器电路的特点及逻辑功能，并能独立排除调试过程中出现的故障。其电路原理图如图 6-5 所示。

📖 相关知识

1. JK 触发器

（1）电路和符号　同步 RS 触发器在时钟脉冲 CP = 1 期间，R、S 不允许同时为 1，输入信号依然有约束。为了克服这个缺点，将基本 RS 触发器互补的两个输出 Q 和 $\overline{Q}$ 分别引回到控制门 C 门和 D 门的输入端，这样就可以避免在时钟脉冲 CP = 1 期间，C 门、D 门输出同时为 0 的情况，从而彻底解决了输入信号存在约束的问题。为了区别于同步 RS 触发器，将这种触发器的输入信号分别用 J、K 表示，并将其称为 JK 触发器，电路和符号如图 6-6 所示。

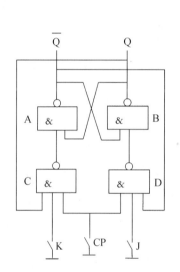

图 6-5　JK 触发器电路原理图

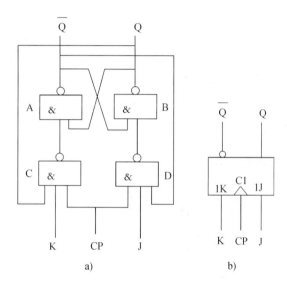

图 6-6　JK 触发器电路和符号

a）电路　b）符号

（2）工作原理　设触发器的初始状态为 Q = 0，$\overline{Q}$ = 1。

1）当输入信号 J = K = 0 时，时钟脉冲 CP 上升沿到来后，控制门 C 门、D 门输出都为 1，基本 RS 触发器保持原状态不变。

2）当输入信号 J = 1、K = 0 时，时钟脉冲 CP 上升沿到来后，控制门 C 门输入有 0，输出为 1；D 门输入全为 1，输出为 0，基本 RS 触发器被置 1，即 Q^{n+1} = 1。

3）当输入信号 J = 0、K = 1 时，设触发器的初始状态为 Q = 1、$\overline{Q}$ = 0 时，时钟脉冲 CP 上升沿到来后，控制门 C 门输入全为 1，输出为 0；D 门输入有 0，输出为 1，基本 RS 触发器被置 0，即 Q^{n+1} = 0。

4）当输入信号 J = K = 1，Q = 0、$\overline{Q}$ = 1 时，时钟脉冲 CP 上升沿到来后，控制门 C 门输入有 0，输出为 1；D 门输入全为 1，输出为 0，基本 RS 触发器被置 1，即 Q^{n+1} = 1。同理当输入信号 J = K = 1，Q = 1、$\overline{Q}$ = 0 时，时钟脉冲 CP 上升沿到来后，触发器将被置 0。由此可见，当输入信号 J = K = 1 时，触发器每来一个时钟脉冲，其输出状态就改变一次，即 Q^{n+1} =

$\overline{Q^n}$，将这种工作情况称为计数工作状态。

JK 触发器的真值表见表 6-6，由表可知，JK 触发器具有置 0、置 1、保持和计数的功能。将具有置 0、置 1、保持和计数功能的触发器定义为 JK 触发器。表示 JK 触发器输入、输出信号之间逻辑关系的特性方程是

$$Q^{n+1} = J\overline{Q^n} + \overline{K}Q^n \tag{6-2}$$

表 6-6　JK 触发器的真值表

J	K	Q^n	Q^{n+1}	功　能
0	0	0	0	保持
0	0	1	1	
0	1	0	0	置 0
0	1	1	0	
1	0	0	1	置 1
1	0	1	1	
1	1	0	1	计数
1	1	1	0	

2. D 触发器

（1）电路和符号　为了克服 RS 触发器输入信号 R、S 之间有约束的缺点，将同步 RS 触发器的输入端 R 接至控制门 D 门的输出端，这样在 CP 脉冲为 1 期间，$R = \overline{S}$，从而彻底解决了输入信号存在约束的问题。为了区别于同步 RS 触发器，将这种触发器的输入信号 S 改为 D，并将其称为 D 触发器，电路和符号如图 6-7 所示。

（2）工作原理　当时钟脉冲 CP = 0 时，控制门 C 门、D 门关闭，输出都为 1，基本 RS 触发器保持原来的状态不变；当时钟脉冲 CP = 1 时，控制门 C 门、D 门打开，接收输入信号 D。

1）当 D = 0 时，控制门 D 门输出为 1，使控制门 C 门的输入全为 1，则 C 门输出为 0，基本 RS 触发器输出为 $Q^{n+1} = 0$。

2）当 D = 1 时，控制门 D 门输入全为 1，则 D 门输出为 0，D 门输出的 0 加到控制门 C 门的输入端，使控制门 C 门的输入有 0，则 C 门输出为 1，基本 RS 触发器输出为 $Q^{n+1} = 1$。

由以上分析可得，D 触发器的真值表见表 6-7，由表可知，D 触发器具有置 0 和置 1 的功能。将只具有置 0 和置 1 功能的触发器定义为 D 触发器。

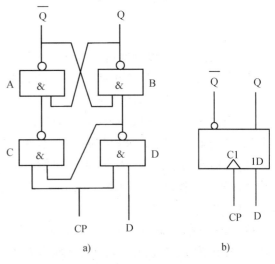

图 6-7　D 触发器电路和符号

a）电路　b）符号

表6-7　D触发器的真值表

D	Q^{n+1}	D	Q^{n+1}
0	0	1	1

D触发器的特性方程为

$$Q^{n+1} = D \tag{6-3}$$

3. JK触发器转换成D触发器

将JK触发器的输入端J经非门与输入端K相接，并将输入端J改名为D，则称为D触发器，如图6-8所示。

4. JK触发器转换成T触发器

（1）电路和符号　将JK触发器的输入端J与输入端K直接相接，并将输入端改名为T，则称为T触发器，如图6-9所示。

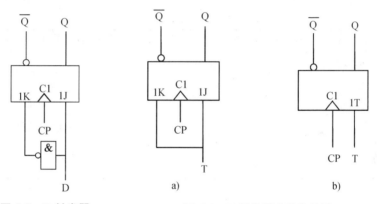

图6-8　D触发器　　　图6-9　T触发器电路和符号

a）电路　b）符号

（2）工作原理　当T=0时，相当于JK触发器J=K=0，则触发器保持原状态不变，即 $Q^{n+1} = Q^n$；当T=1时，相当于JK触发器J=K=1，则触发器每来一个时钟脉冲，输出状态就改变一次，即触发器工作在计数状态，输出次态为 $Q^{n+1} = \overline{Q^n}$。

由此可见，T触发器只具有保持和计数功能。将只具有保持和计数功能的触发器定义为T触发器。T触发器的特性方程是

$$Q^{n+1} = T\overline{Q^n} + \overline{T}Q^n \tag{6-4}$$

T触发器的真值表见表6-8。

5. JK触发器转换成T′触发器

在T触发器中令T=1，则JK触发器就转换成T′触发器，如图6-10所示。由T触发器工作原理分析可知，此时触发器只具有计数功能。将只具有计数功能的触发器定义为T′触发器。T′触发器的特性方程是

$$Q^{n+1} = \overline{Q^n} \tag{6-5}$$

表6-8　T触发器的真值表

T	Q^{n+1}
0	保持
1	计数

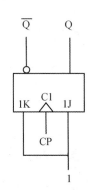

图6-10　T'触发器

任务准备

准备所需仪表、工具：常用电子组装工具一套、直流稳压电源一台、逻辑笔一支、万用表一只。所需电子元器件及材料见表6-9。

表6-9　电子元器件及材料

代　号	名　　称	规　格	数量/只	代　号	名　　称	规　格	数量/只
K	纽扣开关	ATE	1	D	与非门	74LS20	1
CP	纽扣开关	ATE	1	万能电路板			
J	纽扣开关	ATE	1	焊料、助焊剂			
A	与非门	74LS00	1	φ0.8mm 镀锡铜丝			
B	与非门	74LS00	1	多股软导线			
C	与非门	74LS20	1				

任务实施

1. 检测与筛选元器件

对电路中使用的元器件进行检测与筛选。

2. 装配电路

按照原理图（见图6-5）装配电路，装配工艺要求为：
1）集成电路底部贴紧电路板。
2）布线正确，焊点合格，无漏焊、虚焊、短路现象。

3. 自检

装配完成后应首先进行自检，正确无误后才能进行调试。

（1）焊接检查　焊接结束后，首先检查电路有无漏焊、错焊、虚焊等问题。检查时可用尖嘴钳或镊子将每个元器件拉一拉，看有无松动，如果发现有松动现象，应重新焊接。

（2）元器件检查　重点检查集成电路引脚有无接错、短路、虚焊等。

（3）接线检查　对照电路原理图检查接线是否正确，有无接错，是否有碰线、短路现象。

4. 调试要求及方法

1）用逻辑笔和万用表分别测试 JK 触发器的逻辑功能，并填写 JK 触发器的真值表。

2）将 JK 触发器转换成 D、T 和 T′触发器并分别测试各触发器的逻辑功能，将测试结果分别填入 D、T 和 T′触发器的真值表（见表 6-10～表 6-13）。

表 6-10　JK 触发器的真值表

J	K	Q
0	0	
0	1	
1	0	
1	1	

表 6-11　D 触发器的真值表

D	Q
0	
1	

表 6-12　T 触发器的真值表

T	Q
0	
1	

表 6-13　T′触发器的真值表

T′	Q^n	Q^{n+1}
1	0	
1	1	

检查评议

评分标准见表 6-14。

表 6-14　评分标准

序号	项目内容	评分标准	配分	扣分	得分
1	元器件安装	1. 元器件不按规定方式安装，扣 10 分 2. 元器件极性安装错误，扣 10 分 3. 布线不合理，扣 10 分	30 分		
2	焊接	1. 焊点有一处不合格，扣 2 分 2. 剪脚留头长度有一处不合格，扣 2 分	20 分		
3	测试	1. 关键点电位不正常，扣 10 分 2. 逻辑笔使用不正确，扣 10 分 3. 仪器仪表使用错误，扣 10 分	30 分		
4	安全文明操作	1. 不爱护仪器设备，扣 10 分 2. 不注意安全，扣 10 分	20 分		
5	合计		100 分		
6	时间	90min			

注意事项

1）焊接集成电路引脚时注意焊接时间不能超过 2s，不能出现引脚粘连现象。

2）测试中若某些逻辑关系不正确，则应检查与非门 74LS00、74LS20 是否完好，接线是否正确，并进行故障排除。

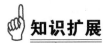

知识扩展

1. 常用触发器

常用触发器品种见表 6-15。

表 6-15　常用触发器品种

品种代号	品 种 名 称	品种代号	品 种 名 称
70	与门输入上升沿 JK 触发器（带预置、清零端）	109	双上升沿 JK 触发器（带预置、清零端）
71	与或门输入主从 JK 触发器（带预置端）	110	与门输入主从 JK 触发器（带预置、清零端，有数据锁定功能）
72	与门输入主从 JK 触发器（带预置、清零端）	111	双主从 JK 触发器（带预置、清零端，有数据锁定功能）
74	双上升沿 D 触发器（带预置、清零端）	112	双下降沿 JK 触发器（带预置、清零端）
78	双主从 JK 触发器（带预置、公共清零、公共时钟端）	174	六上升沿 D 触发器（Q 端输出，带公共清零端）
107	双下降沿 JK 触发器（带清零端）	175	四上升沿 D 触发器（带公共清零端）
108	双下降沿 JK 触发器（带预置、公共清零、公共时钟端）	374	八上升沿 D 触发器

2. 74LS74 型 D 触发器引脚排列 （见图 6-11）

3. 74LS112 型双 JK 触发器引脚排列 （见图 6-12）

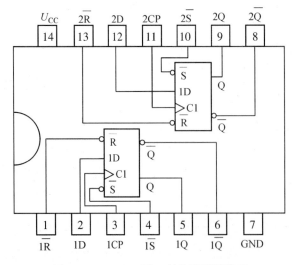

图 6-11　74LS74 型 D 触发器引脚排列

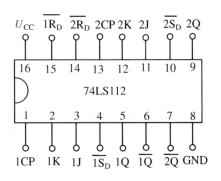

图 6-12　74LS112 型双 JK 触发器引脚排列

考证要点

知识点：JK 触发器具有置0、置1、保持和计数的功能。JK 触发器是一种全功能的触发器，可以组成 D、T 和 T' 触发器。JK 触发器的特性方程是 $Q^{n+1} = J\overline{Q^n} + \overline{K}Q^n$。重点掌握各种触发器的逻辑符号、真值表和特性方程。

试题精选：

（1）JK 触发器，当 J = 0、K = 1、$Q^n = 1$ 时，触发器的次态为（ C ）。

A. 不变　　　　　　　B. 置1　　　　　　　C. 置0　　　　　　　D. 不定

（2）JK 触发器的特性方程是（ A ）。

A. $Q^{n+1} = J\overline{Q^n} + \overline{K}Q^n$ 　　　　　　　　B. $Q^{n+1} = JQ^n + \overline{K}Q^n$

C. $Q^{n+1} = J\overline{Q^n} + \overline{KQ^n}$ 　　　　　　　　D. $Q^{n+1} = JQ^n + \overline{K}Q^n$

【练习题】

1. 填空题

（1）用 JK 触发器要实现 $Q^{n+1} = \overline{Q^n}$ 的功能，应使 J 为（　　），K 为（　　）。

（2）D 触发器具有置（　　）和置（　　）的功能。

（3）T 触发器具有的逻辑功能是（　　）和（　　）。

（4）JK 触发器具有保持、置（　　）、置0 和（　　）的逻辑功能。

（5）JK 触发器的特性方程是（　　），有效的时钟条件是 CP（　　）到来后有效。

（6）JK 触发器转换成 T' 触发器是将 J、K（　　）。

2. 判断题

（1）D 触发器的特性方程是 $Q^{n+1} = D$。（　　）

（2）T' 触发器具有计数和保持的功能。（　　）

（3）JK 触发器只具有计数和保持的功能。（　　）

（4）JK 触发器只有满足时钟条件后输出状态才会发生改变。（　　）

（5）D 触发器状态的改变受时钟脉冲的控制。（　　）

（6）JK 触发器是一种全功能触发器。（　　）

3. 选择题

（1）T 触发器具有的功能是（　　）。

A. 保持　　　　　　　B. 计数　　　　　　　C. 保持和计数　　　　D. 置0

（2）JK 触发器输入信号的取值（　　）。

A. 有约束　　　　　　B. 有两种　　　　　　C. 有三种　　　　　　D. 有四种

（3）JK 触发器转换成 T 触发器时，其输入端的连接是（　　）。

A. $J = \overline{K}$ 　　　　　　B. $K = \overline{J}$ 　　　　　　C. $K = J$ 　　　　　　D. 随意

（4）D 触发器具有的功能是（　　）。

A. 置0　　　　　　　B. 置0 和置1　　　　　C. 置1　　　　　　　D. 保持

（5）JK 触发器的功能是（　　）。

A. 置0

C. 保持

B. 置1

D. 置0、置1、计数和保持

（6）D 触发器的特性方程是(　　)。

A.　$Q = D$

B.　$Q^n = D$

C.　$Q^{n+1} = D$

D.　$Q^{n+1} = \overline{D}$

（7）JK 触发器，当 $J = 1$、$K = 1$、$Q^n = 1$ 时，触发器的次态为(　　)。

A. 不变　　　　　　B. 置 1　　　　　　C. 置 0　　　　　　D. 不定

4. 作图题

（1）试画出 JK 触发器转换成 D、T、T′触发器的电路。

（2）根据图 6-13，试画出 Q 端输出信号的波形（初始状态为 0）。

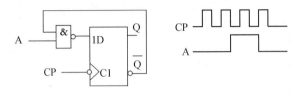

图　6-13

（3）如图 6-14 所示，试画出 Q 端的输出波形（初始状态为 0）。

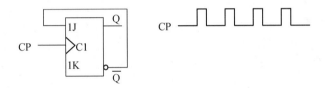

图　6-14

（4）如图 6-15 所示，试画出 Q 端的输出波形（初始状态 $Q = 0$）。

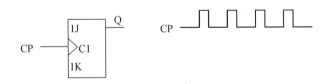

图　6-15

（5）如图 6-16 所示，试画出 Q 端的输出波形（初始状态 $Q = 1$）。

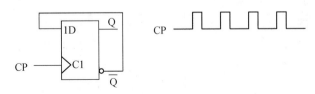

图　6-16

任务 3　抢答器的装配与调试

任务描述

本任务主要介绍具有记忆功能的抢答器电路组成及工作原理，抢答器电路装配与调试以及故障排除。

任务分析

本任务要求根据电路原理图，按工艺要求装配与调试电路。通过抢答器电路的装配与调试，掌握抢答器电路的特点及分析方法，并能独立排除调试过程中出现的故障。其电路原理图如图 6-17 所示。

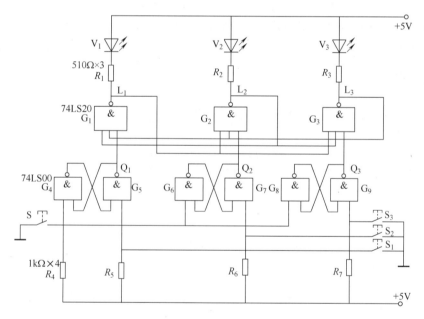

图 6-17　具有记忆功能的抢答器电路原理图

相关知识

1. 触发器组成电路的特点

触发器本身具有记忆功能，一个触发器可以存放一位二进制数，是一个最简单的时序电路。所以由触发器所组成的电路是一种时序电路，具有记忆功能，可以储存信息。

2. 具有记忆功能的抢答器电路组成及工作原理

（1）具有记忆功能的抢答器电路组成　具有记忆功能的抢答器电路一般由指令系统、指令接收和储存系统、反馈闭锁控制系统以及驱动显示系统四部分组成，如图 6-17 所示。

其中，四个按钮 S、S_1、S_2、S_3，四个 1kΩ 电阻和 +5V 电源组成指令系统，六个与非门 74LS00 构成的三个基本 RS 触发器组成指令接收和储存系统，三个与非门 74LS20、三个 510Ω 电阻以及三个发光二极管组成反馈闭锁控制系统以及驱动显示系统。

（2）工作原理　三名参赛选手每人控制一个按钮，比赛开始后，先按下按钮者对应的指示灯点亮，后按下按钮者对应的指示灯不亮，输入的指令信号不起作用。

比赛开始前，主持人先按下清零按钮 S，对抢答器电路清零，发出抢答命令，此时 G_5、G_7、G_9、三个与非门的输出 Q_1、Q_2、Q_3 全为低电平 0，对应的与非门 G_1、G_2、G_3 输出 L_1、L_2、L_3 全为高电平 1，使三名选手对应的指示灯 V_1、V_2、V_3 全部熄灭。

抢答开始后，设第三名选手的抢答开关 S_3 首先闭合，则与非门 G_9 输入有 0，输出为 1，与非门 G_9 输出的 1 加到与非门 G_3 输入端，使与非门 G_3 输入全为 1，则 G_3 门输出为 0，对应的指示灯 V_3 点亮。与此同时，门 G_3 输出的 0 反馈回来又加到与非门 G_1、G_2 的输入端，使与非门 G_1、G_2 的输出 L_1、L_2 全为高电平 1，对应的指示灯 V_1、V_2 不能点亮。此时，第一名、第二名选手的抢答开关即使再按下，此信号也不起作用。

下一轮抢答前主持人必须重新清零后才能再次抢答，否则上一次抢答者的指示灯总是亮着，下一轮的抢答指令无效。

✐ 任务准备

准备所需仪表、工具：常用电子组装工具一套、直流稳压电源一台、逻辑笔一支、万用表一只。所需电子元器件及材料见表 6-16。

表 6-16　电子元器件及材料

代　号	名　称	规　格	数量/只	代　号	名　称	规　格	数量/只
$S,S_1 \sim S_3$	按钮	SMD	4	$R_4 \sim R_7$	碳膜电阻器	1kΩ	4
$G_4 \sim G_9$	与非门	74LS00	6	万能电路板			
$G_1 \sim G_3$	与非门	74LS20	3	焊料、助焊剂			
$V_1 \sim V_3$	发光二极管	LED	3	φ0.8mm 镀锡铜丝			
$R_1 \sim R_3$	碳膜电阻器	510Ω	3	多股软导线			

✔ 任务实施

1. 检测与筛选元器件

对电路中使用的元器件进行检测与筛选。

2. 装配电路

按照电路原理图（见图 6-17）装配电路，装配工艺要求为：
1）集成电路底部贴紧电路板。
2）电阻器均采用水平安装，要求贴紧电路板，电阻器的色环方向应一致。
3）布线正确，焊点合格，无漏焊、虚焊、短路现象。
4）按钮垂直安装，底部紧贴电路板。

3. 自检

装配完成后应首先进行自检，正确无误后才能进行调试。

（1）焊接检查　焊接结束后，首先检查电路有无漏焊、错焊、虚焊等问题。检查时可用尖嘴钳或镊子将每个元器件拉一拉，看有无松动，如果发现有松动现象，应重新焊接。

（2）元器件检查　重点检查集成电路引脚有无接错、短路、虚焊等。

（3）接线检查　对照电路原理图检查接线是否正确，有无接错，是否有碰线、短路现象。

4. 调试要求及方法

在电路正确无误的情况下，通电测试电路的逻辑功能，并完成表6-17所示的各项内容。

表6-17　具有记忆功能的抢答器功能表

S	S_3	S_2	S_1	Q_3	Q_2	Q_1	L_3	L_2	L_1
0	0	0	1						
0	0	1	0						
0	1	0	0						
0	0	0	0						
1	0	0	1						
1	0	1	0						
1	1	0	0						
1	0	0	0						

注：1表示高电平，开关闭合；0表示低电平，开关断开。

✍ 检查评议

评分标准见表6-18。

表6-18　评分标准

序号	项目内容	评分标准	配分	扣分	得分
1	元器件安装	1. 元器件不按规定方式安装，扣10分 2. 元器件极性安装错误，扣10分 3. 布线不合理，扣10分	30分		
2	焊接	1. 焊点有一处不合格，扣2分 2. 剪脚留头长度有一处不合格，扣2分	20分		
3	测试	1. 关键点电位不正常，扣10分 2. 逻辑笔使用不正确，扣10分 3. 仪器仪表使用错误，扣10分	30分		
4	安全文明操作	1. 不爱护仪器设备，扣10分 2. 不注意安全，扣10分	20分		
5	合计		100分		
6	时间	270min			

💡 注意事项

　　调试时按抢答器的功能进行操作，若某些功能不能实现，就要检查并排除故障。检查故障时，首先检查接线是否正确，在接线正确的前提下，检查集成电路是否正常，检查集成电路时，可对集成电路单独通电测试其逻辑功能是否正常；若集成电路没有故障，就要用万用表检查发光二极管、电阻、按钮等是否正常。检查时可由输入到输出逐级进行查找，直至排除故障为止。

　　例如，若抢答开关按下时指示灯亮，松开时又灭掉，说明电路不能保持，问题应该在基本 RS 触发器上。此时，应检查基本 RS 触发器与非门相互间的连接是否正确，与非门是否完好等，直至排除故障为止。

📖 考证要点

　　知识点：具有记忆功能的抢答器电路一般由指令系统、指令接收和储存系统、反馈闭锁控制系统以及驱动显示系统四部分组成。

试题精选：

1. 具有记忆功能的抢答器电路一般由（ C ）部分组成。
A. 2　　　　　　　　B. 3　　　　　　　　C. 4　　　　　　　　D. 5
2. 具有记忆功能的抢答器中，主持人能使触发器（ B ）。
A. 置1　　　　　　　B. 置0　　　　　　　C. 断电　　　　　　　D. 关闭

【练习题】

1. 填空题
（1）时序电路的输出不仅与（　　　）有关，而且与电路（　　　）有关。
（2）时序电路信息的记忆是靠（　　　）实现的，所以电路中一定有（　　　）。
（3）具有记忆功能的抢答器抢答前必须先（　　　），指令靠（　　　）记忆。
（4）具有记忆功能的抢答器中，主持人的输入信号使触发器（　　　），抢答者的输入信号使触发器（　　　）。

2. 判断题
（1）时序电路中，记忆功能靠门电路实现。（　　　）
（2）具有记忆功能的抢答器中，触发器可使用 D 触发器。（　　　）
（3）具有记忆功能的抢答器中，触发器可使用 JK 触发器。（　　　）
（4）具有记忆功能的抢答器中，触发器是用来接收和存储抢答指令的。（　　　）
（5）具有记忆功能的抢答器中，指示灯只能由主持人来关闭。（　　　）

3. 选择题
（1）时序电路中一定有（　　　）。
A. 触发器　　　　　B. 门电路　　　　　　C. 电阻　　　　　　　D. 开关
（2）具有记忆功能的抢答器中，触发器的作用是（　　　）。
A. 接收信号　　　B. 传输信号　　　　C. 接收和存储信号　　　D. 反馈信号
（3）抢答开始前，主持人必须先发出（　　　）。

A. 抢答命令   B. 置1信号   C. 关闭信号   D. 开机信号

（4）具有记忆功能的抢答器中，抢答者不能自行关闭（　　）。

A. 开关   B. 电源   C. 指示灯   D. 门电路

（5）具有记忆功能的抢答器中，主持人能使触发器（　　）。

A. 置1   B. 置0   C. 断电   D. 关闭

4. 简答题

（1）什么是时序电路？有何特点？

（2）具有记忆功能的触发器由哪些部分组成？各部分的作用是什么？

（3）具有记忆功能的触发器是如何实现信号闭锁的？

十字路口交通信号灯控制电路

7

本单元主要介绍十进制计数器的组成、工作原理分析，利用集成计数器构成 N 进制计数器的方法，十字路口交通信号灯控制电路的组成，工作原理分析以及电路的装配与调试。

任务1　了解十进制计数器

任务描述

本任务主要介绍二-十进制编码的概念，十进制计数器的电路组成、工作原理分析，集成十进制计数器的功能表、引脚图和逻辑图，利用集成计数器构成 N 进制计数器的方法，计数、译码、显示电路的装配与调试。

任务分析

本任务要求根据电路原理图，按工艺要求装配与调试电路。通过计数、译码、显示电路的装配与调试，掌握计数、译码、显示电路的组成及工作原理，并能独立排除调试过程中出现的故障。其电路原理图如图 7-1 所示。

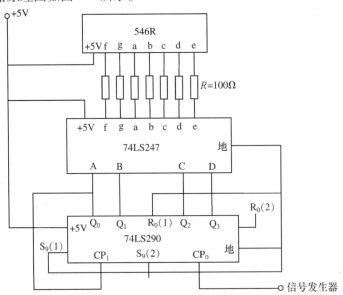

图7-1　计数、译码、显示电路原理图

相关知识

1. 计数器的功能与分类

（1）计数器的功能　累计输入脉冲个数的电路称为计数器，其基本功能是计算输入脉冲个数。它除了累计输入脉冲个数外，还广泛用于定时、分频、信号产生、逻辑控制等，是数字电路中不可缺少的逻辑部件。

（2）计数器的分类　计数器的种类很多，分类方法也不相同。

1）根据计数器中各个触发器状态改变的先后次序不同，计数器可分为同步计数器和异步计数器两大类。在同步计数器中，各个触发器都受同一个时钟脉冲 CP（又称为计数脉冲）的控制，输出状态的改变是同时的，所以称为同步计数器。异步计数器则不同，各触发器不受同一个计数脉冲的控制，各个触发器状态改变有先有后，所以称为异步计数器。

2）根据计数体制不同，计数器又分为二进制计数器、十进制计数器和 N 进制计数器。

3）根据计数过程中计数器中数值的增减不同，计数器又可分为加法计数器、减法计数器和可逆计数器。随着计数脉冲的输入进行加法计数的称为加法计数器，进行减法计数的称为减法计数器，可加可减的称为可逆计数器。

2. 十进制计数器

按照十进制运算规律进行计数的计数器称为十进制计数器。十进制计数的特点是有 0~9 十个数字，逢十进位。十进制计数器的特点是电路应有十种状态，分别用来表示十进制的 0~9 十个数字，且满足逢十进位的要求。

（1）二-十进制编码　在数字电路中，十进制数是用二进制代码来表示的。用二进制代码表示十进制 0~9 十个数字的方法，称为二-十进制编码，简称 BCD 码。十进制 0~9 十个数字，共有十个代码，需用四位二进制代码来表示。四位二进制代码共有十六种状态，可用其中的任意十种状态来表示十进制的 0~9 十个数字。这样编码的方式很多，最常用的是 8421 编码，它是在十六种状态中去掉 1010~1111 六个状态后所得到的编码，见表 7-1。

这里的 8、4、2、1，是指四位二进制数各位的"权"，即每位二进制数转换成十进制数的大小。例如，表 7-1 中的二进制数 1111 转换成十进制数为

$$(1111)_2 = (1 \times 2^3 + 1 \times 2^2 + 1 \times 2^1 + 1 \times 2^0) = (15)_{10}$$

每位的权　8　　4　　2　　1

表 7-1　8421BCD 码

二进制代码	十进制数	二进制代码	十进制数	二进制代码	十进制数	二进制代码	十进制数
0000	0	0100	4	1000	8	1100	12
0001	1	0101	5	1001	9	1101	13
0010	2	0110	6	1010	10	1110	14
0011	3	0111	7	1011	11	1111	15

（2）同步十进制计数器

1）同步十进制加法计数器。

① 电路组成。按照十进制加法运算规律递增计数的计数器称为十进制加法计数器。十进制计数器每位有 0 ~ 9 十个数字，即每位应有十种状态与之对应，所以十进制计数器每位应由四个触发器构成。图 7-2 所示是由四个 JK 触发器和进位门组成的同步十进制加法计数器，CP 是输入计数脉冲，C 是向高位输出的进位信号。

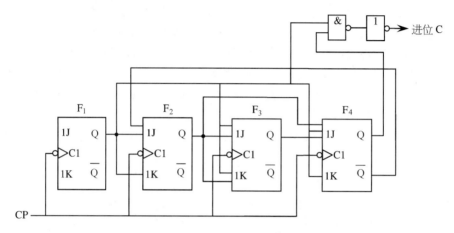

图 7-2　同步十进制加法计数器

② 工作原理。开始计数前设四个触发器的初始状态为 0000，即电路从 0 开始计数。由图 7-2 可知，第一个触发器 F_1 的同步输入信号 $J_1 = K_1 = 1$，所以 F_1 工作在计数状态，每来一个计数脉冲触发器的状态就改变一次。当第一个计数脉冲到来时（CP 下降沿到来），F_1 的输出状态就由 0 翻转为 1，而由于第一个计数脉冲到来之前，F_1 的输出端 Q_1 输出为 0，即 $Q_1 = 0$。F_1 的输出端 Q_1 输出的 0 分别加到触发器 F_2、F_3、F_4 的同步输入端，使得 $J_2 = K_2 = 0$、$J_3 = K_3 = 0$、$J_4 = K_4 = 0$，因此，当第一个计数脉冲到来时，触发器 F_2、F_3、F_4 保持输出为 0 不变。所以当第一个计数脉冲到来后四个触发器的状态就由 0000 翻转成 0001，计数器就记忆了一个输入计数脉冲。当第二个计数脉冲到来时，F_1 的输出状态就由 1 翻转为 0，而由于第二个计数脉冲到来之前，F_1 的输出端 Q_1 输出为 1，即 $Q_1 = 1$。F_1 的输出端 Q_1 输出的 1 加到触发器 F_2 的同步输入端 J_2 和 K_2，此时触发器 F_4 的输出 $Q_4 = 0$、$\overline{Q_4} = 1$，触发器 F_4 的 $\overline{Q_4}$ 输出端输出的 1 同时也加到触发器 F_2 的同步输入端 J_2，这样 J_2 的两个输入全为 1，所以此时有 $J_2 = K_2 = 1$，因此 F_2 也工作在计数状态，当第二个计数脉冲到来后，触发器 F_2 的状态就由 0 翻转成 1。而第二个计数脉冲到来前，由于第二个触发器 F_2 的输出为 0，即 $Q_2 = 0$，F_2 的输出端 Q_2 输出的 0 分别加到触发器 F_3、F_4 的同步输入端，使得 $J_3 = K_3 = 0$、$J_4 = K_4 = 0$。因此，当第二个计数脉冲到来时，触发器 F_3、F_4 保持输出为 0 不变。这样当第二个计数脉冲到来后四个触发器的状态就由 0001 翻转成 0010，计数器就记忆了两个输入计数脉。

如此进行下去，当输入了 9 个计数脉冲后，计数器四个触发器的输出状态就进入了 1001。当第十个计数脉冲到来时，第一个触发器的状态就由 1 翻转成 0，由于第十个计数脉冲没到来之前，触发器 F_2、F_3、F_4 的同步输入 $J_2 = J_3 = J_4 = 0$，所以当第十个计数脉冲到来后，触发器 F_2、F_3、F_4 的输出状态也都翻转成 0，这样当第十个计数脉冲到来后四个触发器的输出状态就都翻转成 0，即四个触发器的输出状态就由 1001 翻转成 0000，同时进位输出端 C 就由 1 翻转成 0，输出一个进位脉冲。

同步十进制加法计数器的状态表见表 7-2。

表 7-2　同步十进制加法计数器的状态表

CP	Q_4^n	Q_3^n	Q_2^n	Q_1^n	Q_4^{n+1}	Q_3^{n+1}	Q_2^{n+1}	Q_1^{n+1}
1	0	0	0	0	0	0	0	1
2	0	0	0	1	0	0	1	0
3	0	0	1	0	0	0	1	1
4	0	0	1	1	0	1	0	0
5	0	1	0	0	0	1	0	1
6	0	1	0	1	0	1	1	0
7	0	1	1	0	0	1	1	1
8	0	1	1	1	1	0	0	0
9	1	0	0	0	1	0	0	1
10	1	0	0	1	0	0	0	0

同步十进制加法计数器的状态图如图 7-3 所示。

由状态表和状态图可知，图 7-2 所示电路确实是按 8421 编码进行加法计数的同步十进制加法计数器。

2) 同步十进制减法计数器。

① 电路组成。按照十进制减法运算规律递减计数的计数器称为十进制减法计数器。图 7-4 所示是由四个 JK 触发器和借位门组成的同步十进制减法计数器，CP 是输入计数脉冲，B 是向高位输出的借位信号。

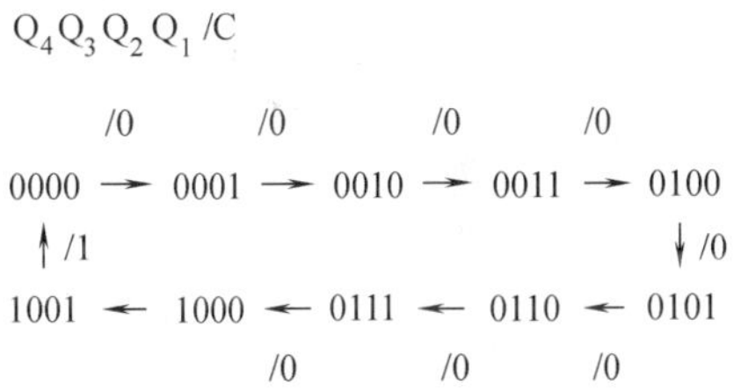

② 工作原理。电路的工作原理比较简单，分析方法与同步十进制加法计数器相同，读者可自行分析。电路的状态表和状态图分别见表 7-3 和如图 7-5 所示。

$Q_4Q_3Q_2Q_1/C$

$$0000 \xrightarrow{/0} 0001 \xrightarrow{/0} 0010 \xrightarrow{/0} 0011 \xrightarrow{/0} 0100$$

$$1001 \xleftarrow{/1} 1000 \xleftarrow{/0} 0111 \xleftarrow{/0} 0110 \xleftarrow{/0} 0101$$

图 7-3　十进制计数器的状态图

表 7-3　十进制减法计数器的状态表

CP	Q_4^n	Q_3^n	Q_2^n	Q_1^n	Q_4^{n+1}	Q_3^{n+1}	Q_2^{n+1}	Q_1^{n+1}
1	0	0	0	0	1	0	0	1
2	1	0	0	1	1	0	0	0
3	1	0	0	0	0	1	1	1
4	0	1	1	1	0	1	1	0
5	0	1	1	0	0	1	0	1
6	0	1	0	1	0	1	0	0
7	0	1	0	0	0	0	1	1
8	0	0	1	1	0	0	1	0
9	0	0	1	0	0	0	0	1
10	0	0	0	1	0	0	0	0

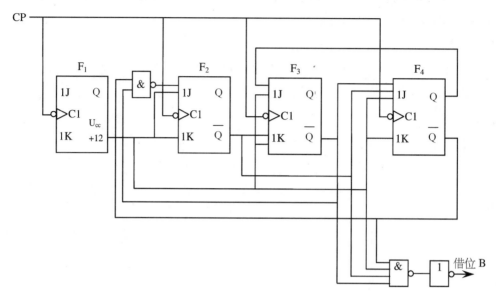

图7-4　同步十进制减法计数器

（3）异步十进制计数器

1）异步十进制加法计数器。

① 电路组成。图7-6所示是由四个JK触发器和两个进位门组成的异步十进制加法计数器，CP是输入计数脉冲，C是向高位输出的进位信号。

② 工作原理。设计数器从零开始计数，即 $Q_4 = Q_3 = Q_2 = Q_1 = 0$，因此，$\overline{Q_4}$ 为1。计数器从0000起，到0111止，前三个触发器 F_1、F_2、F_3 的同步输入信号 $J = K = 1$，所以触发器 F_1、F_2、F_3 都工作在计数状态，每当满足时钟条件时触发器状态就发生改变，即当第一个计数脉冲CP下降沿到来时，触发器 F_1 的状态就由0翻转为1，由于 F_1 的 Q_1 端输出为1，所以 F_2、F_4 不满足时钟条件不翻转，保持状态不变，F_3 没有获得

$Q_4'' Q_3'' Q_2'' Q_1''$ /B

/1　　　/0　　　/0　　　/0
0000 → 1001 → 1000 → 0111 → 0110
↑ /0　　　　　　　　　　　　　↓ /0
0001 ← 0010 ← 0011 ← 0100 ← 0101
　　/0　　　/0　　　/0

图7-5　十进制减法计数器的状态图

触发脉冲，输出状态也保持不变。这样当第一个计数脉冲到来后计数器的状态就翻转为0001。当第二个计数脉冲到来后，F_1 的状态就由1翻转为0，Q_1 端输出的负脉冲触发 F_2 翻转，使 F_2 的状态由0翻转为1，F_3 不满足时钟条件保持0状态不变，由于 F_4 的同步输入 $J_4 = Q_2Q_3 = 0$，所以依然保持0状态不变。这样当第二个计数脉冲到来后计数器的状态就翻转为0010。按此分析当计数器状态为0111时，Q_1、Q_2、Q_3 为1，因此，$J_4 = Q_2Q_3 = 1$，由于此时 F_4 的 $J_4 = K_4 = 1$，所以 F_4 工作在计数状态。当第八个CP脉冲到来时后，$F_1 \sim F_3$ 先后由1翻转为0，同时，Q_1 的负跳变触发 F_4，使 F_4 由0翻转为1，计数器的状态为1000。第九个CP脉冲到来后，F_1 翻转为1。Q_1 的正跳变对其他触发器的状态无影响，计数器的状态翻转为1001，此时，因为 $\overline{Q_4} = 0$，则 F_2 的J端为0，将封锁 F_2，使它保持0态；同时，因为 Q_2、Q_3 为0，使 F_4 的J端为0态，这将使它在下降沿（负跳变）脉冲的作用下，转换为

0 态。按此分析，当第十个计数脉冲到来后，F_1 的状态由 1 变为 0，它输出的负跳变脉冲，使 F_4 由 1 变为 0，F_2、F_3 保持 0 态不变。计数器的状态恢复为 0000，同时由进位端 C 向高位输出一个负跳变进位脉冲。其状态表和状态图与同步十进制加法计数器相同。

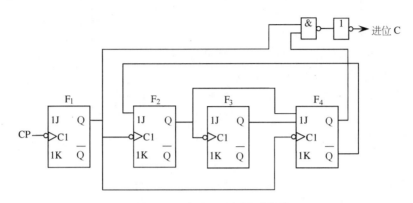

图 7-6 异步十进制加法计数器

2）异步十进制减法计数器。

① 电路组成。图 7-7 所示是由四个 JK 触发器和两个借位门组成的异步十进制减法计数器，CP 是输入计数脉冲，B 是向高位输出的借位信号。

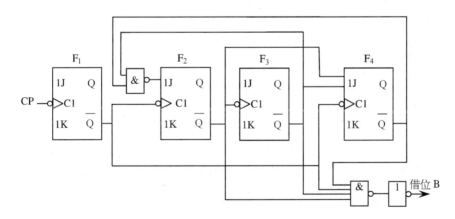

图 7-7 异步十进制减法计数器

② 工作原理。异步十进制减法计数器工作原理的分析方法与异步十进制加法计数器相同，读者可自行分析。异步十进制减法计数器与异步十进制加法计数器不同之处在于，异步十进制减法计数器向高位的借位信号是从 $\overline{Q}$ 端输出的，而异步十进制加法计数器向高位的进位信号是从 Q 端输出的。

由以上分析可知，当需要接成多位异步十进制计数器时，只要将低位的进位或借位端接到高位的时钟控制端就可以了。

3. 集成计数器

随着电子技术的不断发展，功能完善的集成计数器大量生产和使用。集成计数器的种类很多，这里介绍两种常用的十进制计数器。

（1）同步十进制计数器 74LS192 74LS192 的引脚排列如图 7-8 所示。74LS192 是一个时钟脉冲 CP 上升沿触发的同步十进制可逆计数器。该计数器既可以作加法计数，也可以作减法计数。它有两个时钟输入端：CU 端是加法计数时钟脉冲输入端，CD 端是减法计数时钟脉冲输入端。$\overline{C}$端是向高位的进位输出端，低电平有效。$\overline{B}$端是向高位的借位输出端，低电平有效，它有独立的置 0 输入端 R_D，高电平有效，还可以独立对加法或减法计数进行预置数。D_3、D_2、D_1、D_0 是预置数端。$\overline{LD}$ 是预置数控制端，低电平有效。Q_3、Q_2、Q_1、Q_0 是输出端。

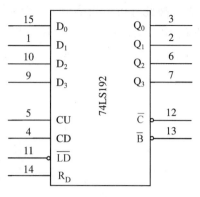

图 7-8 74LS192 的引脚排列

1）74LS192 功能表。74LS192 功能表见表 7-4，其功能特点如下：

① 置"0"。74LS192 有异步置 0 端 R_D，不管计数器其他输入端是什么状态，只要在 R_D 端加高电平，则所有触发器均被置 0，计数器复位。

表 7-4 74LS192 功能表

输　入								输　出			
$\overline{LD}$	R_D	CU	CD	D_0	D_1	D_2	D_3	Q_0	Q_1	Q_2	Q_3
0	0	×	×	d_0	d_1	d_2	d_3	d_0	d_1	d_2	d_3
1	0	↑	1	×	×	×	×	加计数			
1	0	1	↑	×	×	×	×	减计数			
1	0	1	1	×	×	×	×	保持			
×	1	×	×	×	×	×	×	0	0	0	0

② 预置数码。74LS192 的预置是异步的。当 R_D 端和预置数控制端 $\overline{LD}$ 为低电平时，不管时钟端的状态如何，输出端 $Q_3 \sim Q_0$ 的状态就与预置数相一致，即 $Q_3Q_2Q_1Q_0 = d_3d_2d_1d_0$。计数器预置数以后，就以预置数为起点顺序进行计数。

③ 加法计数和减法计数。加法计数时，R_D 为低电平，$\overline{LD}$、CD 为高电平，计数脉冲从 CU 端输入。当计数脉冲的上升沿到来时，计数器的状态按 8421BCD 码递增进行加法计数。

减法计数时，R_D 为低电平，$\overline{LD}$、CU 为高电平，计数脉冲从 CD 端输入。当计数脉冲的上升沿到来时，计数器的状态按 8421BCD 码递减进行减法计数。

④ 进位输出。计数器作十进制加法计数时，在 CU 端第 9 个输入脉冲上升沿作用后，计数状态为 1001，当其下降沿到来时，进位输出端 $\overline{C}$ 产生一个负的进位脉冲。第 10 个脉冲上升沿作用后，计数器复位。若将进位输出端 $\overline{C}$ 与后一级的 CU 相连，可实现多位计数器级联。当 $\overline{C}$ 反馈至 $\overline{LD}$ 输入端，并在并行数据输入端 $D_3 \sim D_0$ 输入一定的预置数时，可实现 10 以内任意进制的加法计数。

⑤ 借位输出。计数器作十进制减法计数时，设初始状态为 1001。在 CD 端第 9 个输入脉冲上升沿作用后，计数状态为 0000，当其下降沿到来后，借位输出端 $\overline{B}$ 产生一个负的借位脉冲。第 10 个脉冲上升沿作用后，计数状态恢复为 1001。同样，将借位输出 $\overline{B}$ 与后一级的

CD 相连，可实现多位计数器级联。通过 $\overline{B}$ 对 $\overline{LD}$ 的反馈连接可实现 10 以内任意进制的减法计数。

2）计数器的级联。将多个 74LS192 级联可以构成高位计数器。例如，用两个 74LS192 可以组成 100 进制计数器，如图 7-9 所示。

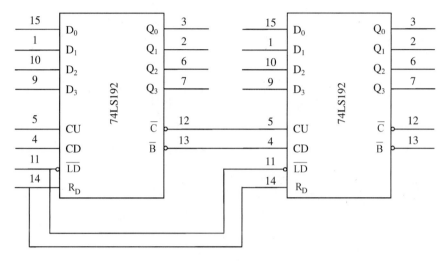

图 7-9　用两个 74LS192 构成 100 进制计数器

计数开始时，先在 R_D 端输入一个正脉冲，此时两个计数器均被置为 0 状态。此后在 $\overline{LD}$ 端输入 "1"，R_D 端输入 "0"，则计数器处于计数状态。在个位的 74LS192 的 CU 端逐个输入计数脉冲 CP，个位的 74LS192 开始进行加法计数。在第 10 个 CP 脉冲上升沿到来后，个位 74LS192 的状态为 1001→0000，同时其进位输出端 $\overline{C}$ 为 0→1，此上升沿使十位 74LS192 从 0000 开始计数，直到第 100 个 CP 脉冲作用后，计数器状态由 1001 1001 恢复为 0000 0000，完成一次计数循环。

（2）异步十进制计数器 74LS290　74LS290 是二-五-十进制计数器，其逻辑图如图 7-10 所示，引脚排列图如图 7-11 所示。图 7-10 中 F_0 构成一位二进制计数器，F_1、F_2、F_3 构成异步五进制加法计数器。若将输入时钟脉冲 CP 接于 CP_0 端，并将 CP_1 端与 Q_0 端相连，便构成 8421 编码异步十进制加法计数器。74LS290 还具有置 0 和置 9 功能，其功能表见表 7-5。

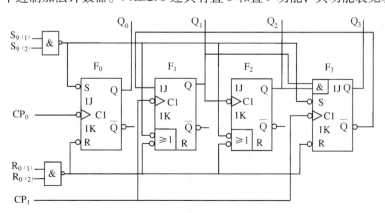

图 7-10　二-五-十进制加法计数器 74LS290 逻辑图

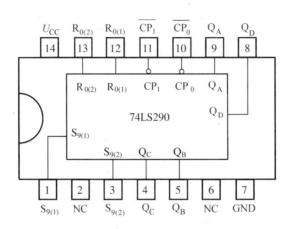

图 7-11　74LS290 引脚排列图

表 7-5　74LS290 功能表

复位/置位输入				输　出			
$R_{0(1)}$	$R_{0(2)}$	$S_{9(1)}$	$S_{9(2)}$	Q_3	Q_2	Q_1	Q_0
1	1	0	×	0	0	0	0
1	1	×	0	0	0	0	0
×	0	1	1	1	0	0	1
0	×	1	1	1	0	0	1
×	0	0	×	计数			
0	×	×	0	计数			
×	0	×	0	计数			
0	×	0	×	计数			

4. 利用集成计数器构成 N 进制计数器

N 进制计数器是指除二进制和十进制计数器以外的其他任意进制计数器。例如，五进制计数器、二十进制计数器、三十进制计数器、六十进制计数器等都是 N 进制计数器。

N 进制计数器可利用已有的集成计数器采用反馈归零法获得。这种方法是，当计数器计数到某一数值时，由电路产生复位脉冲，加到计数器各个触发器的异步清零端，使计数器的各个触发器全部清零，也就是使计数器复位。

利用十进制计数器 74LS160，通过反馈归零法构成的六进制计数器图 7-12 所示。

电路的计数过程是 0000→0001→0010→0011→0100→0101，当计数器计数到状态 5 时，Q_2 和 Q_0 为 1，与非门输出为 0，即同步并行置入控制端 LD 是 0，于是下一个计数脉冲到来时，将 $D_3 \sim D_0$ 端的数据 0 送入计数器，使计数器又从 0 开始计数，一直计到 5，又重复上述过程。由此可见，N 进制计数器可以利用在状态（$N-1$）时将 $\overline{\text{LD}}$ 变为 0 以便重新计数的方法来实现。

图 7-13 所示是利用直接置"0"端 $\overline{R_D}$ 进行复位所构成的六进制计数器。工作顺序为

$0000 \rightarrow 0001 \rightarrow 0010 \rightarrow 0011 \rightarrow 0100 \rightarrow$ 0101，当计数到 0110 时（该状态出现时间极短，称为过渡状态），Q_2 和 Q_1 均为1，使$\overline{R_D}$为0，计数器立即被复位到0，然后开始新的循环。这种方法的缺点是工作不可靠，其原因是在许多情况下，各触发器的复位速度不一致，复位快的触发器复位后，立即将复位信号撤销，使复位慢的触发器来不及复位，因而造成误动作。改进的方法是加一个基本 RS 触发器，如图7-14所示，将$\overline{R_D} = 0$ 的置 "0" 信号暂存一下，从而保证复位信号有足够的作用时间，使计数器可靠置0。

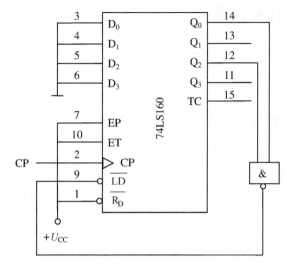

图 7-12　六进制计数器

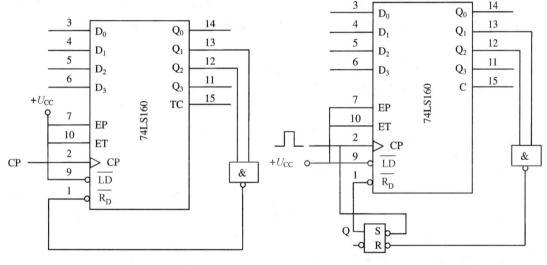

图 7-13　六进制计数器　　　　图 7-14　改进的六进制计数器

任务准备

准备所需仪表、工具：常用电子组装工具一套、直流稳压电源一台、低频信号发生器一台、万用表一只。所需电子元器件及材料见表7-6。

表 7-6　电子元器件及材料

代号	名　称	规格	数量/只	代号	名　称	规格	数量/只
—	计数器	74LS290	1		万能电路板		
—	译码器	74LS247	1		焊料、助焊剂		
—	数码管	546R	1		$\phi 0.8mm$ 镀锡铜丝		
R	碳膜电阻器	100Ω	7		多股软导线		

✔ 任务实施

1. 检测与筛选元器件

对电路中使用的元器件进行检测与筛选。

2. 装配电路

按照电路原理图（见图7-1）装配电路，装配工艺要求为：

1）集成电路底部贴紧电路板。

2）电阻器均采用水平安装，要求贴紧电路板，电阻器的色环方向应一致。

3）布线正确，焊点合格，无漏焊、虚焊、短路现象。

3. 自检

装配完成后应首先进行自检，正确无误后才能进行调试。

（1）焊接检查　焊接结束后，首先检查电路有无漏焊、错焊、虚焊等问题。检查时可用尖嘴钳或镊子将每个元器件拉一拉，看有无松动，如果发现有松动现象，应重新焊接。

（2）元器件检查　重点检查集成电路引脚有无接错、短路、虚焊等。

（3）接线检查　对照电路原理图检查接线是否正确，有无接错，是否有碰线、短路现象。

4. 调试要求及方法

（1）集成计数器74LS290性能测试

1）异步置"0"功能。接好74LS290的电源和地，复位端$R_{0(1)}$、$R_{0(2)}$接高电平，置位端$S_{9(1)}$接低电平（或$S_{9(2)}$接低电平），其他各输入端的状态为任意，用万用表测试计数器各输出端的电位。如果电路无误、操作正确，则$Q_3 \sim Q_0$均为低电平。

2）预置数功能。将复位端$R_{0(1)}$接低电平（或$R_{0(2)}$接低电平），置位端$S_{9(1)}$、$S_{9(2)}$接高电平，其他各输入端的状态为任意，用万用表测试计数器的输出端。如果电路无误、操作正确，则$Q_3 \sim Q_0$的状态应为1001。

3）计数功能。将$R_{0(1)}$（或$R_{0(2)}$）、$S_{9(2)}$（或$S_{9(1)}$）接低电平，其他各输入端的状态为任意，CP_0端输入单脉冲，记录输出端状态。如果电路无误、操作正确，每输入一个CP脉冲，计数器输出端Q_0的状态就改变一次，从而实现二进制计数。若将时钟脉冲由CP_1端输入，如果电路无误、操作正确，每输入一个CP脉冲，计数器就进行一次加法计数，计数器输入5个CP脉冲后，输出端$Q_3 \sim Q_1$就应变为0000，此时Q_3端输出一个低电平脉冲，作为向高位的进位脉冲，从而实现五进制计数。若将Q_0的输出与CP_1相接，时钟脉冲由CP_0输入，则此时将实现十进制计数，计数器输入10个CP脉冲后，输出端$Q_3 \sim Q_0$就应变为0000，此时Q_3端输出一个低电平脉冲，作为向高位的进位脉冲，从而实现十进制计数。

将测试结果填入功能表7-7中。

表 7-7   74LS290 功能表

复位/置位输入				输　　出			
$R_{0(1)}$	$R_{0(2)}$	$S_{9(1)}$	$S_{9(2)}$	Q_3	Q_2	Q_1	Q_0
1	1	0	×				
1	1	×	0				
×	0	1	1				
0	×	1	1				
×	0	0	×				
0	×	×	0				
×	0	×	0				
0	×	0	×				

（2）用集成计数器 74LS290 组成十进制计数器　在计数器 CP_0 端输入 $f = 100Hz$ 计数脉冲，观察数码管 546R 状态变化，画出计数器的状态图。

✍ 检查评议

评分标准见表 7-8。

表 7-8   评分标准

序号	项目内容	评分标准	配分	扣分	得分
1	元器件安装	1. 元器件不按规定方式安装，扣 10 分 2. 元器件极性安装错误，扣 10 分 3. 布线不合理，扣 10 分	30 分		
2	焊接	1. 焊点有一处不合格，扣 2 分 2. 剪脚留头长度有一处不合格，扣 2 分	20 分		
3	测试	1. 关键点电位不正常，扣 10 分 2. 计数器测试不正确，扣 10 分 3. 仪器仪表使用错误，扣 10 分	30 分		
4	安全文明操作	1. 不爱护仪器设备，扣 10 分 2. 不注意安全，扣 10 分	20 分		
5	合计		100 分		
6	时间	270min			

💡 注意事项

调试时若某些功能不能实现，就要检查并排除故障。检查故障时，首先检查接线是否正确，在接线正确的前提下，检查集成电路是否正常。检查集成电路时，可单独分别对集成计数器 74LS290、译码器 74LS247、数码管 546R 通电测试其逻辑功能是否正常；若集成电路没有故障，就需要调试低频信号发生器输出的计数脉冲信号的频率和幅值，直至排除故障为止。

知识扩展

1. 常用计数器的型号和功能简介（见表7-9）

表7-9　常用计数器的型号和功能

类型	型号	功能
计数器	74LS68	双十进制计数器
	74LS90	十进制计数器
	74LS92	十二分频计数器
	74LS93	四位二进制计数器
	74LS160	同步十进制计数器
	74LS161	四位二进制同步计数器（异步清除）
	74LS162	十进制同步计数器（同步清除）
	74LS163	四位二进制同步计数器（同步清除）
	74LS168	可预置十进制同步加/减计数器
	74LS169	可预置四位二进制同步加/减计数器
	74LS190	可预置十进制同步加/减计数器
	74LS191	可预置四位二进制同步加/减计数器
	74LS192	可预置十进制同步加/减计数器（双时钟）
	74LS193	可预置四位二进制同步加/减计数器（双时钟）
	74LS196	可预置十进制计数器
	74LS197	可预置二进制计数器
	74LS290	十进制计数器
	74LS293	四位二进制计数器
	74LS390	双四位十进制计数器
	74LS393	双四位二进制计数器（异步清除）
	74LS490	双四位十进制计数器
	74LS568	可预置十进制同步加/减计数器（三态）
	74LS569	可预置二进制同步加/减计数器（三态）
	74LS668	十进制同步加/减计数器
	74LS669	二进制同步加/减计数器
	74LS690	可预置十进制同步计数器/寄存器（直接清除、三态）
	74LS691	可预置二进制同步计数器/寄存器（直接清除、三态）
	74LS692	可预置十进制同步计数器/寄存器（同步清除、三态）
	74LS693	可预置二进制同步计数器/寄存器（同步清除、三态）
	74LS696	十进制同步加/减计数器（三态、直接清除）
	74LS697	二进制同步加/减计数器（三态、直接清除）
	74LS698	十进制同步加/减计数器（三态、同步清除）
	74LS699	二进制同步加/减计数器（三态、同步清除）

2. 同步十进制加法计数器 74LS160 的功能表和引脚功能说明（见表7-10）

表 7-10　74LS160 的功能表和引脚功能说明

输　　入									输　出				引脚功能说明
$\overline{R_D}$	$\overline{LD}$	ET	EP	CP	D_0	D_1	D_2	D_3	Q_3	Q_2	Q_1	Q_0	$D_0 \sim D_3$ 为并行数据输
0	×	×	×	×	×	×	×	×	0	0	0	0	入端
1	0	×	×	↑	d_0	d_1	d_2	d_3	d_0	d_1	d_2	d_3	$\overline{R_D}$ 为异步清零端
1	1	1	1	↑	×	×	×	×	计数				$\overline{LD}$ 为同步并行置入控制端
1	1	0	×	×	×	×	×	×	保持				ET、EP 为计数控制端 C 为进位输出端
1	1	×	0	×	×	×	×	×	保持				CP 为时钟输入端 $Q_0 \sim Q_3$ 为数据输出端

🔍 考证要点

　　知识点： 计数器由触发器构成，是一种典型的时序电路。根据计数器中各个触发器状态改变的先后次序不同，计数器可分为同步计数器和异步计数器两大类。在同步计数器中，各个触发器都受同一个时钟脉冲 CP（又称为计数脉冲）的控制，输出状态的改变是同时的。异步计数器则不同，各触发器不受同一个计数脉冲的控制，各个触发器状态改变有先有后，不是同时发生的。

　　根据计数体制不同，计数器又分为二进制计数器、十进制计数器和 N 进制计数器。

　　根据计数过程中计数器中数值的增减不同，计数器又可分为加法计数器和减法计数器以及可逆计数器。

试题精选：

（1）在十进制加法计数器中，从零开始计数，当第 8 个 CP 脉冲过后，计数器的状态应为（ B ）。

A. 1010　　　　　　B. 1000　　　　　　C. 1001　　　　　　D. 0110

（2）在十进制减法计数器中，从零开始计数，当第 1 个 CP 脉冲过后，计数器的状态应为（ D ）。

A. 0001　　　　　　B. 1000　　　　　　C. 0100　　　　　　D. 1001

（3）计数器是对输入的计数脉冲进行计算的电路，它是由（ C ）构成的。

A. 寄存器　　　　　B. 放大器　　　　　C. 触发器　　　　　D. 运算器

【练习题】

1. 填空题

（1）计数器由（　　　　）构成，是一种典型的（　　　　　　）。

（2）根据计数器中各个触发器状态改变的先后次序不同，计数器可分为（　　　）计数器和（　　　）计数器两大类。

（3）根据计数体制不同，计数器又分为二进制计数器、（   ）进制计数器和（   ）进制计数器。

（4）根据计数过程中计数器中数值的增减不同，计数器又可分为（   ）计数器、减法计数器和（   ）计数器。

2. 判断题

（1）在异步计数器中，各个触发器都受同一个计数脉冲控制。（   ）

（2）在同步计数器中，各个触发器的翻转有先有后。（   ）

（3）除了二进制和十进制以外的计数器，称为 N 进制计数器。（   ）

（4）计数器是一种组合逻辑电路。（   ）

（5）计数器中触发器状态的改变不仅与输入信号有关，而且还和电路原来的状态有关。（   ）

3. 选择题

（1）按计数器翻转的次序来分类，可把计数器分为（   ）。

A. 异步式和加法计数器　　　　　　B. 异步式和减法计数器

C. 异步式和可逆计数器　　　　　　D. 异步式和同步式

（2）在十进制加法计数器中，从 0 开始计数，当第 10 个 CP 脉冲过后，计数器的状态应为（   ）。

A. 0000　　　　　　B. 1000　　　　　　C. 1001　　　　　　D. 0110

（3）在五进制加法计数器中，从 0 开始计数，当第四个 CP 脉冲过后，计数器的状态应为（   ）。

A. 0000　　　　　　B. 1000　　　　　　C. 0100　　　　　　D. 0011

（4）在五进制加法计数器中，从 0 开始计数，当第二个 CP 脉冲过后，计数器的状态应为（   ）。

A. 0000　　　　　　B. 1000　　　　　　C. 0100　　　　　　D. 0010

4. 简答题

（1）何为同步计数器？何为异步计数器？

（2）同步计数器和异步计数器各有什么特点？

（3）同步计数器可分为哪几种类型？

（4）利用集成计数器 74LS290 构成三十进制计数器。

任务 2　十字路口交通信号灯控制电路的装配与调试

任务描述

本任务主要介绍十字路口交通信号灯控制电路的组成、各部分的作用、工作原理分析和装配与调试。

任务分析

本任务要求根据电路原理图，按工艺要求装配与调试电路。通过十字路口交通信号灯控制电路的装配与调试，掌握十字路口交通信号灯控制电路的组成、各部分的作用和工作原理，并能独立排除调试过程中出现的故障。其电路原理图如图 7-15 所示。

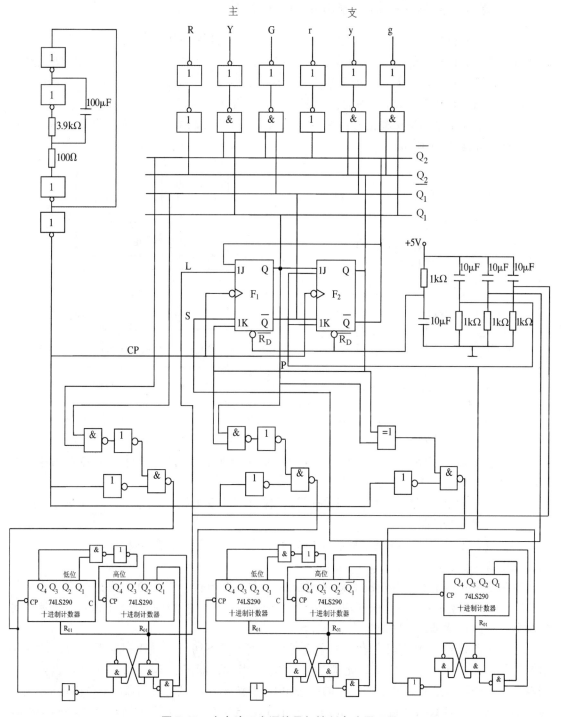

图 7-15 十字路口交通信号灯控制电路原理图

📖 相关知识

1. 十字路口交通信号灯控制电路的工作原理

有一个主干道和支干道的十字路口（见图7-16），每边都设置红、黄、绿色信号灯。红灯亮表示禁止通行；绿灯亮表示可以通行；在绿灯变红灯时先要求黄灯亮5s，以便让停车线以外的车辆停止运行。因主干道车辆多，所以允许通车时间较长，设为30s；支干道车辆较少，允许通车时间设为20s。两边按规定时间交替通行。

要实现上述十字路口交通信号灯的自动控制，则要求控制电路由以下几部分组成，其电路原理框图如图7-17所示。

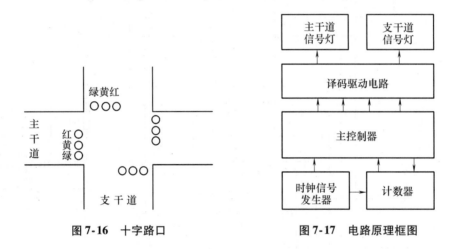

图 7-16　十字路口　　　　图 7-17　电路原理框图

（1）时钟信号发生器　产生稳定的"秒"脉冲（$f = 1Hz$）信号，确保整个电路装置同步工作和实现定时控制。

（2）计数器　按要求累计"秒"脉冲的数目，完成计时任务，向主控制器发出相应的定时信号，控制主、支干道通车时间。

（3）主控制器　根据计数器送来的信号，保持或改变电路的状态，以实现对主、支干道车辆运行状态的控制。

（4）译码驱动电路　按照主控制器所处的状态进行译码，再驱动相应的信号灯，指挥主、支干道车辆通行。

因为十字路口车辆运行情况有四种可能：①主干道通行，支干道不通行；②主干道停车，支干道不通行；③主干道不通行，支干道通行；④主干道不通行，支干道停车。所以主控制器应有四种状态，分别设为 S_1、S_2、S_3、S_4。

主控制器处于 S_1 状态时，表示主干道通行，支干道不通行。译码驱动电路应使"主干道绿灯"和"支干道红灯"亮，此状态保持30s。当计数器计满30s后，30s计数器向主控制器发出状态转换信号，使主控制器的状态由 S_1 转到 S_2，同时主控制器向5s计数器发出计时开始信号，5s计数器开始计数。此时，表示主干道停车，支干道不通行。译码驱动电路应使"主干道黄灯"和"支干道红灯"亮，保证主干道后来的车辆停止运行。此状态保持5s。当计数器计满5s后，5s计数器又向主控制器发出状态转换信号，使主控制器的状态由

S_2 转到 S_3，同时主控制器向 20s 计数器发出计时开始信号，20s 计数器开始计数。此时，表示主干道不通行，支干道通行。译码驱动电路应使"主干道红灯"和"支干道绿灯"亮，此状态保持 20s。当计数器计满 20s 后，20s 计数器向主控制器发出状态转换信号，使主控制器的状态由 S_3 转到 S_4，同时主控制器向 5s 计数器发出计时开始信号，5s 计数器开始计数。此时，表示主干道不通行，支干道停车。此状态保持 5s。当计数器计满 5s 后，5s 计数器又向主控制器发出状态转换信号，使主控制器的状态由 S_4 又转到 S_1，同时主控制器又向 30s 计数器发出计时开始信号，30s 计数器开始计数。此时，表示主干道通行，支干不道通行。译码驱动电路应使"主干道绿灯"和"支干道红灯"亮，此状态保持 30s。上述四种状态按顺序不断转换，保证主、支干道按规定的时间交替通行。电路的状态转换图如图 7-18 所示。

假设：主干道通行未过 30s 则 $L=0$，已过 30s 则 $L=1$；支干道通行未过 20s 则 $S=0$，已过 20s 则 $S=1$；黄灯亮未过 5s 则 $P=0$，已过 5s 则 $P=1$；主干道通行状态为 S_0；主干道停车状态为 S_1；支干道通行状态为 S_2；支干道停车状态为 S_3。则状态转换图如图 7-19 所示。

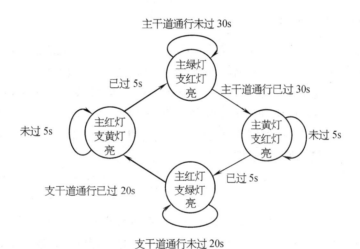

图 7-18　状态转换图

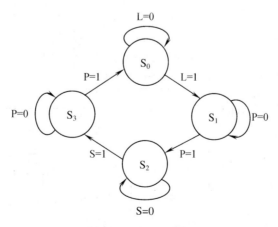

图 7-19　状态转换图

假设：$S_0 = 00$、$S_1 = 01$、$S_2 = 11$、$S_3 = 10$，则状态转换表见表7-11。

表7-11　状态转换表

L	S	P	Q_2^n	Q_1^n	Q_2^{n+1}	Q_1^{n+1}
0	×	×	0	0	0	0
1	×	×	0	0	0	1
×	×	0	0	1	0	1
×	×	1	0	1	1	1
×	0	×	1	1	1	1
×	1	×	1	1	1	0
×	×	0	1	0	1	0
×	×	1	1	1	0	0

2. 30s、20s、5s 计数器

根据主干道和支干道通车时间以及黄灯切换时间的要求，分别需要 30s、20s 和 5s 的计数器。这些计数器除需要"秒"脉冲作为时钟信号外，还应受主控制器的状态控制。例如，30s 计数器应在主控制器进入 S_0 状态（主干道通行）时开始计数，待到 30s 后往主控制器送出信号（$L = 1$），并产生复位脉冲使该计数器复位。同样，20s 计数器必须在主控制器进入 S_2 状态时开始计数；而 5s 计数器则要在进入 S_1 或 S_3 状态时开始计数，达到规定时间后分别输出 $P = 1$ 的信号，并使计数器复位。

30s、20s 计数器由两片 74LS290 集成计数器组成，5s 计数器由一片 74LS290 组成。时钟脉冲为 $f = 1\text{Hz}$ 的"秒"信号。为使复位信号有足够的宽度，采用基本 RS 触发器组成反馈归零电路。为保证$\overline{Q_2} \cdot \overline{Q_1} = 1$ 时，30s 计数器开始计数，则时钟脉冲通过一个控制门再加到计数器，该控制门由$\overline{Q_2}$和$\overline{Q_1}$控制。当$\overline{Q_2} \cdot \overline{Q_1} = 1$ 时，控制门打开，计数器开始计数，如图7-20所示。

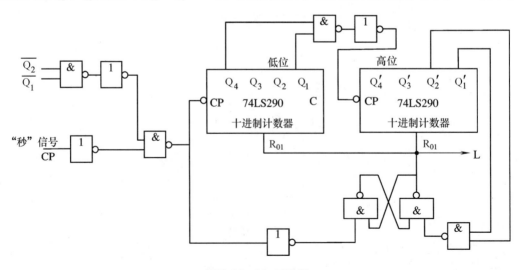

图7-20　30s 计数器

按同样的方法，20s 计数器由 Q_2 和 Q_1 控制，当 $Q_2 \cdot Q_1 = 1$ 时，控制门打开，20s 计数器开始计数，如图 7-21 所示。

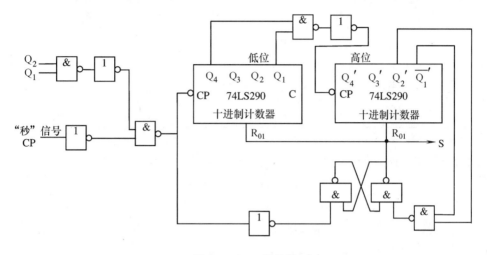

图 7-21　20s 计数器

5s 计数器也由 Q_1 和 Q_2 控制，当 $Q_1 \oplus Q_2 = 1$ 时，控制门打开，5s 计数器开始计数，如图 7-22 所示。

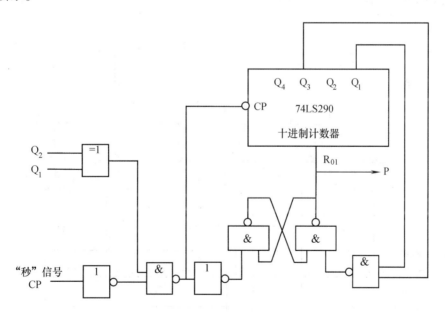

图 7-22　5s 计数器

3. 控制信号灯的译码电路

主控制器的四种状态分别要控制主、支干道红、黄、绿灯的亮与灭。令灯亮为 "1"，灯灭为 "0"，则译码电路的真值表见表 7-12。

表 **7-12** 译码电路的真值表

控制器状态		主 干 道			支 干 道		
Q_2	Q_1	红灯 R	黄灯 Y	绿灯 G	红灯 r	黄灯 y	绿灯 g
0	0	0	0	1	1	0	0
0	1	0	1	0	1	0	0
1	1	1	0	0	0	0	1
1	0	1	0	0	0	1	0

由真值表可分别写出主、支干道各个信号灯的逻辑表达式为

$$R = Q_2 \cdot Q_1 + Q_2 \cdot \overline{Q_1} = Q_2$$
$$Y = \overline{Q_2} \cdot Q_1$$
$$G = \overline{Q_2} \cdot \overline{Q_1}$$
$$r = \overline{Q_2} \cdot \overline{Q_1} + \overline{Q_2} \cdot Q_1 = \overline{Q_2}$$
$$y = Q_2 \cdot \overline{Q_1}$$
$$g = Q_2 \cdot Q_1$$

译码电路的逻辑图如图 7-23 所示。

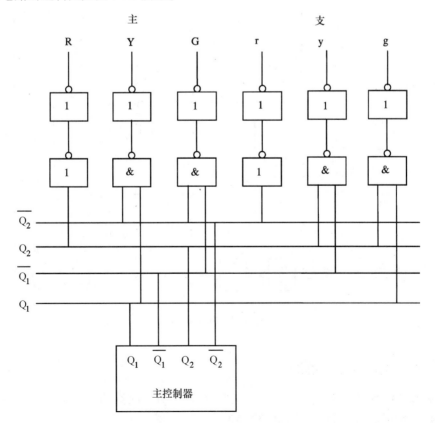

图 **7-23** 译码电路的逻辑图

4. "秒" 脉冲信号发生器

"秒" 脉冲信号发生器采用 RC 环形多谐振荡器，如图 7-24 所示。

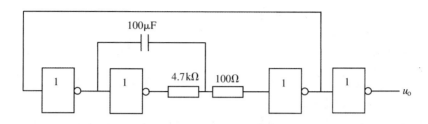

图 7-24   "秒" 脉冲发生器

5. 主控制器

主控制器是电路的控制中心，根据计数器送来的信号，保持或改变电路的状态，以实现对主、支干道车辆运行状态的控制，如图 7-25 所示。

6. 十字路口交通信号灯控制电路总图

十字路口交通信号灯控制电路原理图如图 7-15 所示。

📝 任务准备

准备所需仪表、工具：常用电子组装工具一套、双踪示波器一台、直流稳压电源一台、万用表一只。所需电子元器件及材料见表 7-13。

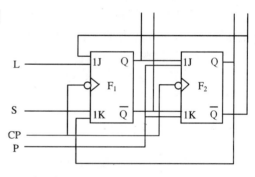

图 7-25   主控制器

表 7-13   电子元器件及材料

序号	名 称	规 格	数量/只	序号	名 称	规 格	数量/只
1	计数器	74LS290	5	10	电解电容器	10μF/10V	4
2	JK 触发器	74LS112	2	11	发光二极管	红色 LED	2
3	与非门	74LS00	20	12	发光二极管	黄色 LED	2
4	非门	74LS04	22	13	发光二极管	绿色 LED	2
5	异或门	74LS86	1	14	纽扣开关	ATE	4
6	碳膜电阻器	3.9kΩ	1		万能电路板		
7	碳膜电阻器	1kΩ	4		焊料、助焊剂		
8	碳膜电阻器	100Ω	1		φ0.8mm 镀锡铜丝		
9	电解电容器	100μF/10V	1		多股软导线		

✔ **任务实施**

1. 检测与筛选元器件

对电路中使用的元器件进行检测与筛选。

2. 装配电路

按照电路原理图（见图 7-15）装配电路，装配工艺要求为：

1）集成电路底部贴紧电路板。

2）电阻器均采用水平安装，要求贴紧电路板，电阻器的色环方向应一致。

3）电容器采用垂直安装，要求底部贴紧电路板，不能歪斜。注意电容器的极性不能接反。

4）布线正确，焊点合格，无漏焊、虚焊、短路现象。

3. 自检

装配完成后应首先进行自检，正确无误后才能进行调试。

（1）焊接检查　焊接结束后，首先检查电路有无漏焊、错焊、虚焊等问题。检查时可用尖嘴钳或镊子将每个元器件拉一拉，看有无松动，如果发现有松动现象，应重新焊接。

（2）元器件检查　重点检查集成电路引脚有无接错、短路、虚焊等。

（3）接线检查　对照电路原理图检查接线是否正确，有无接错，是否有碰线、短路现象。

4. 调试要求及方法

（1）交通信号灯控制系统各单元电路调试

1）调试"秒"脉冲发生器。用与非门组成环形振荡器，选配恰当的电阻和电容，保证输出矩形脉冲的振荡频率 $f = 1Hz$。用双踪示波器测试波形及频率使之满足技术要求。

2）调试计数器。电路连接完毕，对 30s、20s 和 5s 计数器分别进行调试。用逻辑开关 K_1、K_2 分别代替 Q_1、Q_2 控制信号。用秒脉冲作时钟信号，按下述方法调试：

① $K_1 = K_2 = 0$ 时，30s 计数器应过 30s 产生输出信号（$L = 1$），并使该计数器复位。

② $K_1 = K_2 = 1$ 时，20s 计数器应过 20s 产生输出信号（$S = 1$），并使该计数器复位。

③ $K_1 \oplus K_2 = 1$ 时，5s 计数器应过 5s 产生输出信号（$P = 1$），并使该计数器复位。

3）调试主控制器电路。用逻辑开关 K_1、K_2、K_3 分别代替 L、S、P 控制信号，"秒"脉冲作时钟信号。在 $K_1 \sim K_3$ 不同状态时，主控制器状态应按表 7-11 转换。

如果以上调试电路逻辑关系正确，即可同计数器输出 L、S、P 相接，进行动态调试。若电路工作正常，即可进行译码电路的调试。

4）调试译码电路。选用红、黄、绿发光二极管各两只，作为 R、Y、G、r、y、g 六种信号灯，选用 K_1、K_2 两个逻辑开关分别代替 Q_1、Q_2 控制信号。当 Q_1Q_2 分别为 00、01、11、10 时，六个发光二极管应按表 7-12 要求发光。以上调试完毕即可与控制器输出相连进行动态调试。

（2）交通信号灯控制电路总机调试 各单元电路均能正常工作后，即可进行总机调试。总机调试步骤为：

1）按总机电路原理图连接电路。

2）检查电路是否存在错误。

3）在保证电路连接正确无误后通电试验，观察电路的工作状态转换是否正常。其工作状态转换见表7-14。

表7-14 交通信号灯控制电路工作状态转换

Q_2	Q_1	R	Y	G	r	y	g
0	0	0	0	1	1	0	0
0	1	0	1	0	1	0	0
1	1	1	0	0	0	0	1
1	0	1	0	0	0	1	0
00→01 ↑　↓ 10←11		G、r亮30s→Y、r亮5s ↑　　　　↓ R、y亮5s←R、g亮20s					

检查评议

评分标准见表7-15。

表7-15 评分标准

序号	项目内容	评分标准	配分	扣分	得分
1	元器件安装	1. 元器件不按规定方式安装，扣10分 2. 元器件极性安装错误，扣10分 3. 布线不合理，扣10分	30分		
2	焊接	1. 焊点有一处不合格，扣2分 2. 剪脚留头长度有一处不合格，扣2分	20分		
3	测试	1. 关键点电位不正常，扣10分 2. 秒脉冲周期不正确，扣10分 3. 仪器仪表使用错误，扣10分	30分		
4	安全文明操作	1. 不爱护仪器设备，扣10分 2. 不注意安全，扣10分	20分		
5	合计		100分		
6	时间	540min			

注意事项

调试时若某些功能不能实现，就要检查排除故障。检查故障时，首先检查接线是否正确，在接线正确的前提下，检查集成电路是否正常。检查集成电路时，可单独分别对集成计数器74LS290、JK触发器74LS112、与非门74LS00、非门74LS04、异或门74LS86通电测试其逻辑功能是否正常。若集成电路没有故障，用示波器测量"秒"脉冲振荡器输出的计数脉冲信号的频率和幅值是否正常，然后逐级检测系统的各组成部分，直至排除故障为止。

🔖 考证要点

> **知识点：** RC环形多谐振器振荡频率的调节范围宽（一般可在1Hz～8MHz之间调节），可通过调节电容器的容量进行粗调，调节电阻的阻值进行细调。要求电阻的阻值应小于非门的关门电阻。

试题精选：

1. 在RC环形振荡器中，要保证振荡器正常振荡，要求电阻的阻值（ B ）。

A. 大于非门的关门电阻   B. 小于非门的关门电阻

C. 任意取值   D. 等于非门的关门电阻

2. 在RC环形振荡器中，要保证振荡器正常振荡，非门至少需用（ D ）几个。

A. 4   B. 2   C. 5   D. 3

【练习题】

1. 填空题

（1）RC环形多谐振器的振荡频率可通过调节电容器的（   ）进行粗调，调节电阻的（   ）进行细调。

（2）N进制计数器可利用集成（   ），通过反馈（   ）获得。

（3）译码器的输入信号是（   ）代码信号，输出信号是一般（   ）信号。

（4）主控制器是实现对（   ）干道车辆运行（   ）的控制。

2. 判断题

（1）可用两个与非门构成RC环形振荡器。（   ）

（2）RC环形振荡器的振荡频率可以任意调整。（   ）

（3）信号灯控制电路中，主控制器的状态转换由计数器控制。（   ）

（4）信号灯控制电路中，计数器的工作由主控制器控制。（   ）

3. 选择题

（1）交通信号灯在绿灯变红灯时先要求（   ）。

A. 黄灯亮   B. 黄灯灭   C. 红灯亮   D. 黄灯和红灯同时亮

（2）在十字路口信号灯控制电路中，主控制器的状态有（   ）。

A. 2种   B. 3种   C. 4种   D. 5种

（3）在30s计数器中，个位计数器和十位计数器是（   ）工作的。

A. 同步   B. 受一个脉冲控制   C. 不受脉冲控制   D. 异步

4. 作图题

（1）画出信号灯控制电路状态转换图。

（2）画出五进制计数器的工作波形。

5. 简答题

说明交通信号灯控制电路的工作原理。

555定时器及其应用电路

本单元主要介绍 555 定时器的组成和功能，由 555 定时器构成的施密特触发器、多谐振荡器以及单稳态触发器的工作原理，电路的装配与调试。

任务1　555 定时器构成的施密特触发器的装配与调试

🏹 任务描述

本任务主要介绍 555 定时器的电路组成、各部分的作用、引脚图和功能表，利用 555 定时器构成的施密特触发器工作原理，电路的装配与调试。

☞ 任务分析

本任务要求根据电路原理图，按工艺要求装配与调试电路。通过对由 555 定时器构成的施密特触发器电路的装配与调试，掌握施密特触发器的电路组成，各部分的作用及功能，工作原理和故障排除方法。

📖 相关知识

1. 555 定时器的组成与功能

555 定时器是一种多用途的数字-模拟混合集成电路，只需在其外部配上少量阻容元件，就可方便地构成单稳态触发器、多谐振荡器和施密特触发器。由于它具有使用灵活、性能优越和价格低廉等优点，所以在波形产生与变换、测量与控制、家用电器等许多领域都得到广泛应用。

555 定时器的结构原理和外部引脚如图 8-1 所示。其内部包括两个电压比较器 C_1 和 C_2、一个基本 RS 触发器、一个晶体管 V_1、一个输出缓冲器以及一个由三个阻值为 $5k\Omega$ 的电阻组成的分压器。

图 8-1a 中，比较器 C_1 的输入端 U_6（接引脚 6）称为阈值输入端，手册上用 TH 标注；比较器 C_2 的输入端 U_2（接引脚 2）称为触发输入端，手册上用 $\overline{TR}$ 标注。C_1 和 C_2 的参考电压（电压比较的基准电压）U_{R1} 和 U_{R2} 由电源 U_{CC} 经三个 $5k\Omega$ 的电阻分压给出。当控制电压输入端 U_{CO} 悬空时，$U_{R1} = 2U_{CC}/3$，$U_{R2} = U_{CC}/3$；若 U_{CO} 外接固定电压，则 $U_{R1} = U_{CO}$，$U_{R2} = U_{CO}/2$。改变控制电压 U_{CO}，就可改变 C_1、C_2 的参考电压。

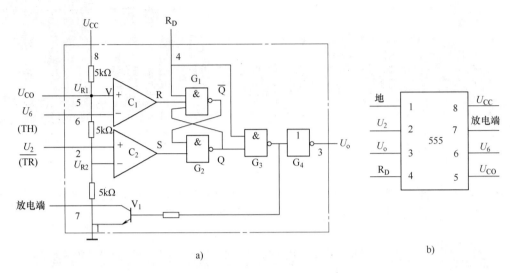

图 8-1　555 定时器结构原理与外部引脚

a）结构原理　b）外部引脚

R_D 为异步置 0 端，只要在 R_D 端加入低电平，基本 RS 触发器就置 0，平时 R_D 处于高电平。

定时器的主要功能取决于两个比较器输出对 RS 触发器、晶体管 V_1 状态的控制。

1）当 $U_6 > 2U_{CC}/3$、$U_2 > U_{CC}/3$ 时，比较器 C_1 输出为 0，C_2 输出为 1，基本 RS 触发器被置 0，V_1 导通，U_o 输出为低电平。

2）当 $U_6 < 2U_{CC}/3$、$U_2 < U_{CC}/3$ 时，比较器 C_1 输出为 1，C_2 输出为 0，基本 RS 触发器被置 1，V_1 截止，U_o 输出为高电平。

3）当 $U_6 < 2U_{CC}/3$、$U_2 > U_{CC}/3$ 时，C_1 和 C_2 输出均为 1，则基本 RS 触发器的状态保持不变，因而 V_1 和 U_o 输出状态也维持不变。

因此，可以归纳出 555 定时器的功能表，见表 8-1。

表 8-1　555 定时器的功能表

R_D	U_6（TH）	U_2（$\overline{TR}$）	U_o	V_1
0	×	×	0	导通
1	$< 2U_{CC}/3$	$< U_{CC}/3$	1	截止
1	$> 2U_{CC}/3$	$> U_{CC}/3$	0	导通
1	$< 2U_{CC}/3$	$> U_{CC}/3$	不变	不变

2. 555 定时器构成施密特触发器

（1）施密特触发器的构成与工作原理　用 555 定时器构成的施密特触发器电路原理如图 8-2a 所示。图中 U_6（TH）和 U_2（$\overline{TR}$）端直接连在一起作为触发电平输入端。若在输入端 U_i 加三角波，则可在输出端得到图 8-2b 所示的矩形脉冲。其工作过程为：U_i 从 0 开始升高，当 $U_i < U_{CC}/3$ 时，RS 触发器置 1，故 $U_o = U_{OH}$；当 $U_{CC}/3 < U_i < 2U_{CC}/3$ 时，RS = 11，故

$U_o = U_{OH}$ 保持不变；当 $U_i \geqslant 2U_{CC}/3$ 时，电路发生翻转，RS 触发器置 0，U_o 从 U_{OH} 变为 U_{OL}，此时相应的 U_i 幅值（$2U_{CC}/3$）称为上触发电平 U_+。

下面再讨论 $U_i > 2U_{CC}/3$ 继续上升，然后再下降的过程。

当 $U_i > 2U_{CC}/3$ 时，$U_o = U_{OL}$ 不变；当 U_i 下降，且 $U_{CC}/3 < U_i < 2U_{CC}/3$ 时，由于 RS 触发器的 RS = 11，故 $U_o = U_{OL}$ 保持不变；只有当 U_i 下降到小于或等于 $U_{CC}/3$ 时，RS 触发器置 1，电路发生翻转，U_o 从 U_{OL} 变为 U_{OH}，此时相应的 U_i 幅值（$U_{CC}/3$）称为下触发电平 U_-。

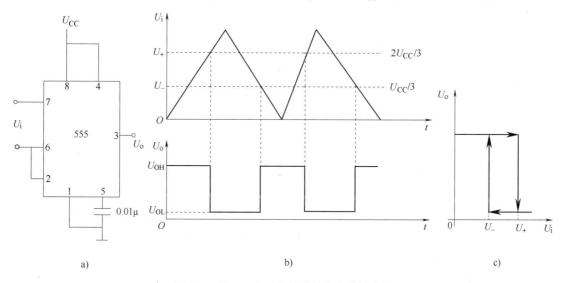

a)　b)　c)

图 8-2　用 555 定时器构成的施密特触发器

a）电路原理图　b）波形　c）电压传输特性

从以上分析可以看出，电路在 U_i 上升和下降时，输出电压 U_o 翻转时所对应的输入电压值是不同的，一个为 U_+，另一个为 U_-，如图 8-26 所示。这是施密特电路所具有的滞回特性，称为回差。回差电压 $\Delta U = U_+ - U_- = U_{CC}/3$。电路的电压传输特性如图 8-2c 所示。改变电压控制端 U_{CO}（5 脚）的电压值，则可改变回差电压。一般 U_{CO} 越高，ΔU 越大，抗干扰能力越强，但灵敏度相应降低。

（2）施密特触发器的应用　施密特触发器应用很广泛，主要有以下几方面：

1）波形变换。可以将边沿变化缓慢的周期性信号变换成矩形脉冲。

2）脉冲整形（见图 8-3）。将不规则的电压波形整形为矩形波。若适当增大回差电压，可提高电路的抗干扰能力。图 8-3a 所

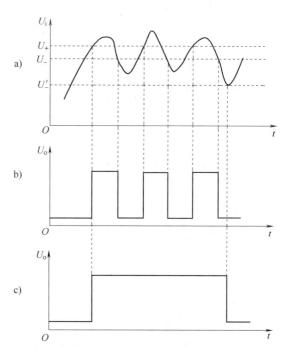

a)

b)

c)

图 8-3　脉冲整形

示为顶部有干扰的输入信号，图 8-3b 所示为回差电压较小的输出波形，图 8-3c 所示为回差电压大于顶部干扰时的输出波形。

3）脉冲鉴幅。图 8-4 所示是将一系列幅度不同的脉冲信号 U_i 加到施密特触发器输入端的波形，只有那些幅度大于上触发电平 U_+ 的脉冲才在输出端产生输出信号 U_o。因此，通过这一方法可以选出幅度大于 U_+ 的脉冲，即对幅度可以进行鉴别。

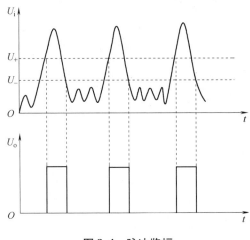

图 8-4　脉冲鉴幅

✏ 任务准备

准备所需仪表、工具：常用电子组装工具一套、双踪示波器一台、低频信号发生器一台、直流稳压电源一台、万用表一只。所需电子元器件及材料见表 8-2。

表 8-2　电子元器件及材料

序号	名称	规格	数量/只	序号	名称	规格	数量/只
1	555 定时器	CB555	1		焊料、助焊剂		
2	电容器	0.01μF	1		φ0.8mm 镀锡铜丝		
3	万能电路板一块				多股软导线		

✔ 任务实施

1. 检测与筛选元器件

对电路中使用的元器件进行检测与筛选。

2. 装配电路

按照电路原理图（见图 8-1）装配电路，装配工艺要求为：

1）集成电路底部贴紧电路板。

2）电容器采用垂直安装，要求底部离电路板 3~5mm，不能歪斜。

3）布线正确，焊点合格，无漏焊、虚焊、短路现象。

3. 自检

装配完成后应首先进行自检，正确无误后才能进行调试。

（1）焊接检查　焊接结束后，首先检查电路有无漏焊、错焊、虚焊等问题。检查时可用尖嘴钳或镊子将每个元器件拉一拉，看有无松动，如果发现有松动现象，应重新焊接。

（2）元器件检查　重点检查集成电路引脚有无接错、短路、虚焊等。

（3）接线检查　对照电路原理图检查接线是否正确，有无接错，是否有碰线、短路现象。

4. 调试要求及方法

1）测量 555 定时器静态功能，并判断其好坏。将 555 定时器接至 +5V 电源，根据图 8-2 所示分别测量 3 脚电位、7 脚对地的电阻值，将测试结果填入表 8-3 中。

表 8-3　555 定时器引脚功能测试结果

引脚		4	6	2	3	7	5
电位	低电平	×	×				$2U_{CC}/3$
	高电平	$>2U_{CC}/3$	$>U_{CC}/3$				$2U_{CC}/3$
	高电平	$<2U_{CC}/3$	$<U_{CC}/3$				$2U_{CC}/3$
	高电平	$<2U_{CC}/3$	$>U_{CC}/3$				$2U_{CC}/3$

2）动态测试。将低频信号发生器输出的三角波信号频率调至 $f=100\text{Hz}$、幅值调至 4V，加到施密特触发器的 U_i 端，用示波器观察输出信号波形，并作出电路输入、输出信号对应波形。

✍ 检查评议

评分标准见表 8-4。

表 8-4　评分标准

序号	项目内容	评分标准	配分	扣分	得分
1	元器件安装	1. 元器件不按规定方式安装，扣 10 分 2. 元器件极性安装错误，扣 10 分 3. 布线不合理，扣 10 分	30 分		
2	焊接	1. 焊点有一处不合格，扣 2 分 2. 剪脚留头长度有一处不合格，扣 2 分	20 分		
3	测试	1. 关键点电位不正常，扣 10 分 2. 555 定时器测试不正确，扣 10 分 3. 仪器仪表使用错误，扣 10 分	30 分		
5	安全文明操作	1. 不爱护仪器设备，扣 10 分 2. 不注意安全，扣 10 分	20 分		
7	合计		100 分		
8	时间	45min			

注意事项

调试时若某些功能不能实现，就要检查排除故障。检查故障时，首先检查接线是否正确，在接线正确的前提下，主要检查555定时器是否正常。检查时，可单独对555定时器进行测量，若555定时器没有故障，用示波器测量低频信号发生器输出的三角波信号的频率和幅值是否正常，直至排除故障为止。

考证要点

知识点：555定时器是一种多用途的数字-模拟混合集成电路，是由电压比较器、基本RS触发器、晶体管开关及电阻分压器组成的。重点掌握555定时器的引脚及功能。

试题精选：

1. 在 $U_6 > 2U_{CC}/3$ 的条件下，要使555定时器输出为低电平，则 U_2 的取值应为（　C　）。

A. $< U_{CC}/3$　　　　B. $< 2U_{CC}/3$　　　　C. $> U_{CC}/3$　　　　D. $= U_{CC}$

2. 在 $U_2 > U_{CC}/3$ 的条件下，要使555定时器输出保持不变，则 U_6 的取值应为（　A　）。

A. $< 2U_{CC}/3$　　　B. $< U_{CC}/3$　　　　C. $> 2U_{CC}/3$　　　D. $= U_{CC}/3$

【练习题】

1. 填空题

（1）555定时器是一种多用途的（　　　　）与（　　　　）混合集成电路。

（2）555定时器的主要功能取决于两个比较器输出对（　　　）触发器、（　　　　）状态的控制。

（3）施密特电路所具有的（　　　　）特性，称为（　　　　）。

（4）在施密特触发器中，适当增大（　　　　）电压，可提高电路的（　　　　）能力。

2. 判断题

（1）在555定时器中，基本RS触发器被置1时，U_o 输出为高电平。（　　　）

（2）在555定时器构成的施密特触发器中，回差电压 $\Delta U = U_+ - U_- = U_{CC}/3$。（　　　）

（3）在555定时器中，当 $R_D = 0$ 时，输出电压 U_o 为高电平。（　　　）

（4）在555定时器构成的施密特触发器中，回差电压是不受控的。（　　　）

3. 选择题

（1）在555定时器构成的施密特触发器中，回差电压由555定时器（　　　）电压控制。

A. 5脚　　　　B. 6脚　　　　C. 7脚　　　　D. 2脚

（2）在555定时器中，R_D 端的作用是（　　　）。

A. 同步置0　　B. 异步置0　　C. 同步置1　　D. 异步置1

（3）在555定时器中，3端是（　　　）。

A. 同步输入端　　B. 异步输入端　　C. 压控输入端　　D. 输出端

4. 简答题

（1）555定时器由哪几部分组成？各部分有何作用？

（2）555定时器有哪些基本应用？

（3）用 555 定时器构成的施密特触发器的回差电压 ΔU 为多少？

任务 2　模拟声响发生器电路的装配与调试

任务描述

本任务主要介绍利用 555 定时器构成的多谐振荡器电路的工作原理，用 555 定时器构成的模拟声响发生器电路的装配与调试。

任务分析

本任务要求根据电路原理图，按工艺要求装配与调试电路。通过利用 555 定时器构成的模拟声响发生器电路的装配与调试，掌握多谐振荡器工作原理、电路参数对振荡频率的影响和电路故障排除方法。其电路原理图如图 8-5a 所示。

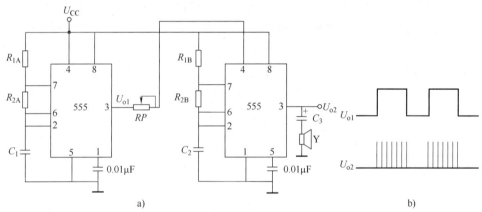

图 8-5　用 555 定时器构成的模拟声响发生器的电路原理图和波形

a）电路原理图　b）波形

相关知识

用 555 定时器构成的多谐振荡器电路如图 8-6a 所示。其中 R_1、R_2、C 为外接的定时元件，$0.01\mu F$ 电容为滤波电容。该电路不需要外加触发信号，接通直流电源后就能产生周期性的矩形脉冲或方波信号输出。

（1）工作原理　多谐振荡器只有两个暂稳态。假设当电源接通后，电路处于某一暂稳态，电容 C 上电压 U_C 略低于 $U_{CC}/3$，U_o 输出高电平，放电管 V_1（见图 8-1a）截止，电源 U_{CC} 通过 R_1、R_2 给电容 C 充电。随着充电 U_C 逐渐增高，但只要 $U_{CC}/3 < U_C < 2U_{CC}/3$，输出电压 U_o 就一直保持高电平不变，这就是第一个暂稳态。

当电容 C 上的电压 U_C 略微超过 $2U_{CC}/3$ 时（即 U_6 和 U_2 均大于或等于 $2U_{CC}/3$ 时），RS 触发器置 0，使输出电压 U_o 从原来的高电平翻转到低电平，即 $U_o = 0$，放电管 V_1 饱和导通，此时电容 C 通过 R_2 和放电管 V_1 放电。随着电容 C 放电，U_C 下降，但只要 $2U_{CC}/3 > U_C > U_{CC}/3$，$U_o$ 就一直保持低电平不变，这就是第二个暂稳态。

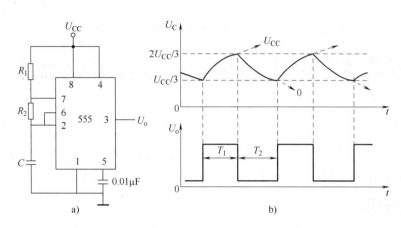

图8-6 用555定时器构成的多谐振荡器电路和波形

a）电路 b）波形

当 U_C 下降到略微低于 $U_{CC}/3$ 时，RS 触发器置1，电路输出又变为 $U_o = 1$，放电管 V_1 截止，电容 C 再次充电，又重复上述过程，电路输出便得到周期性的矩形脉冲。其波形如图8-6b所示。

（2）振荡周期 T 的计算 多谐振荡器的振荡周期为两个暂稳态的持续时间之和，即 $T = T_1 + T_2$。

T_1 是电容器 C 的充电时间为

$$T_1 = 0.7(R_1 + R_2)C \qquad (8-1)$$

T_2 是电容器 C 的放电时间为

$$T_2 = 0.7R_2C \qquad (8-2)$$

因而振荡周期

$$T = T_1 + T_2 = 0.7(R_1 + 2R_2)C \qquad (8-3)$$

（3）占空比可调的多谐振荡器 图8-6a所示的多谐振荡器 $T_1 \neq T_2$，而且占空比（即脉冲宽度与周期之比 T_1/T）是固定不变的。实际应用中常常需要频率固定而占空比可调。图8-7所示的电路就是占空比可调的多谐振荡器。电容 C 的充放电通路分别用二极管 V_1 和 V_2 隔离，RP 为可调电位器。

电容 C 的充电路径为 $U_{CC} \rightarrow R_1 \rightarrow V_1 \rightarrow C \rightarrow$ 地，因而 $T_1 = 0.7R_1C$；电容 C 的放电路径为 $C \rightarrow V_2 \rightarrow R_2 \rightarrow$ 放电管 V_1（见图8-1）$\rightarrow$ 地，因而 $T_2 = 0.7R_2C$。

振荡周期为

$$T = T_1 + T_2 = 0.7(R_1 + R_2)C \qquad (8-4)$$

占空比为

$$D = \frac{T_1}{T} = \frac{R_1}{R_1 + R_2} \qquad (8-5)$$

由式（8-4）和式（8-5）可知，调节电位器 RP 即可改变占空比 D 的值。

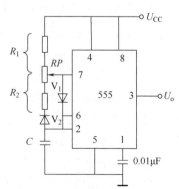

图8-7 占空比可调的多谐振荡器

任务准备

准备所需仪表、工具：常用电子组装工具一套、双踪示波器一台、低频信号发生器一台、直流稳压电源一台、万用表一只。所需电子元器件及材料见表8-5。

表8-5　电子元器件及材料

代号	名称	规格	数量/只	代号	名称	规格	数量/只
R_{1A}	碳膜电阻器	10kΩ	1	Y	扬声器	0.25W	1
R_{2A}	碳膜电阻器	100kΩ	1		无极性电容器	0.01μF	2
RP	电位器	10kΩ	1		555 定时器	CB555	2
R_{1B}	碳膜电阻器	1kΩ	1		万能电路板		
R_{2B}	碳膜电阻器	10kΩ	1		φ0.8mm 镀锡铜丝		
C_1	电解电容器	47μF/16V	1		焊料、助焊剂		
C_2	电解电容器	0.1μF/16V	1		多股软导线 400mm		
C_3	电解电容器	100μF/16V	1				

任务实施

1. 检测与筛选元器件

对电路中使用的元器件进行检测与筛选。

2. 装配电路

按照电路原理图（见图8-5）装配电路，装配工艺要求为：

1）集成电路底部贴紧电路板。

2）电容器采用垂直安装，要求电解电容器底部紧贴电路板不能歪斜，注意极性不能接错。无极性电容器底部离电路板 3～5mm，不能歪斜。

3）电阻器均采用水平安装，要求贴紧电路板，电阻器的色环方向应一致。

4）布线正确，焊点合格，无漏焊、虚焊、短路现象。

3. 自检

装配完成后应首先进行自检，正确无误后才能进行调试。

（1）焊接检查　焊接结束后，首先检查电路有无漏焊、错焊、虚焊等问题。检查时可用尖嘴钳或镊子将每个元器件拉一拉，看有无松动，如果发现有松动现象，应重新焊接。

（2）元器件检查　重点检查集成电路引脚有无接错、短路、虚焊等。

（3）接线检查　对照电路原理图检查接线是否正确，有无接错，是否有碰线、短路现象。

4. 调试要求及方法

1）适当改变定时元件 R_{1A}、R_{2A}、C_1 或 R_{1B}、R_{2B}、C_2 的值，倾听扬声器声响的变化。

2）改变定时元件 R_{1A}、R_{2A}、C_1 或 R_{1B}、R_{2B}、C_2 的值时，用示波器测试 U_{o1}、U_{o2} 的波形及频率的变化。

3）调节电位器 RP 的阻值，观察对电路工作情况的影响。

✍ 检查评议

评分标准见表8-6。

表8-6　评分标准

序号	项目内容	评分标准	配分	扣分	得分
1	元器件安装	1. 元器件不按规定方式安装，扣10分 2. 元器件极性安装错误，扣10分 3. 布线不合理，扣10分	30分		
2	焊接	1. 焊点有一处不合格，扣2分 2. 剪脚留头长度有一处不合格，扣2分	20分		
3	测试	1. 关键点电位不正常，扣10分 2. 555定时器测试不正确，扣10分 3. 仪器仪表使用错误，扣10分	30分		
4	安全文明操作	1. 不爱护仪器设备，扣10分 2. 不注意安全，扣10分	20分		
5	合计		100分		
8	时间	90min			

💡 注意事项

调试时若扬声器不发音，这对就要检查排除故障。检查故障时，首先检查接线是否正确，在接线正确的前提下，主要检查555定时器是否正常。检查时，可单独对555定时器进行测量，若555定时器没有故障，应检查电容器 C_1、C_2、C_3、扬声器 Y 等是否完好，直至排除故障为止。

🔍 考证要点

知识点：多谐振荡器工作过程中没有稳态，只有两个暂稳态。多谐振荡器的振荡周期为两个暂稳态的持续时间之和。

试题精选：

（1）在多谐振荡器中，已知振荡器输出矩形脉冲的周期为1s，第一暂稳态的时间为0.8s，则第二暂稳态的时间为（ B ）。

　　A. 0.02s　　　　　B. 0.2s　　　　　C. 1.2s　　　　　D. 1.8s

（2）多谐振荡器的工作特点是（　C　）。

A. 有两个稳定状态 　　　　　　　　B. 有一个稳态和一个暂稳态

C. 有两个暂稳态 　　　　　　　　　D. 有一个暂稳态

【练习题】

1. 填空题

（1）多谐振荡器工作过程中没有（　　　　　），只有（　　　　　）暂稳态。

（2）多谐振荡器中，T_1 是电容器 C 的（　　　　　）时间，T_2 是电容器 C 的（　　　　　）时间。

（3）多谐振荡器不需要外加（　　　　）信号，接通直流电源后就能产生（　　　　）的矩形脉冲或方波信号输出。

2. 判断题

（1）多谐振荡器工作过程中有两个稳定状态。（　　　）

（2）用 555 定时器构成的多谐振荡器中，R_1、R_2、C 为外接的定时元件。（　　　）

（3）占空比可调的多谐振荡器中，二极管 V_1、V_2 的作用是将电容器 C 的充放电电路隔开。（　　　）

3. 选择题

（1）多谐振荡器工作过程中有（　　　）。

A. 两个暂稳态 　　　B. 两个稳态 　　　　C. 一个稳态 　　　D. 一个暂稳态

（2）在多谐振荡器中，电容器 C 的充电时间是（　　　）。

A. $0.7R_2C$ 　　　B. $0.7(R_1+R_2)C$ 　　　C. R_2C 　　　D. $(R_1+R_2)C$

（3）在多谐振荡器中，电容器 C 的放电时间是（　　　）。

A. $0.7R_2C$ 　　　B. $0.7(R_1+R_2)C$ 　　　C. R_2C 　　　D. $(R_1+R_2)C$

（4）多谐振荡器的振荡周期是（　　　）。

A. T_1-T_2 　　　B. T_1T_2 　　　　C. T_1/T_2 　　　D. T_1+T_2

4. 简答题

（1）定性画出用 555 定时器构成的多谐振荡器 U_C 及 U_o 的波形。

（2）说明如何调节用 555 定时器构成的多谐振荡器的振荡频率。

任务3　555 定时器构成的单稳态触发器的装配与调试

🥕 任务描述

本任务主要介绍利用 555 定时器构成的单稳态触发器的工作原理、电路装配与调试。

☞ 任务分析

本任务要求根据电路原理图，按工艺要求装配与调试电路。通过利用 555 定时器构成的单稳态触发器电路的装配与调试，掌握单稳态触发器的电路组成、工作原理和故障排除方法。

📖 相关知识

1. 单稳态触发器

用 555 定时器构成的单稳态触发器电路原理图如图 8-8a 所示。图中，R、C 为外接定时元件。触发信号 U_i 加在低触发端（引脚2）。5 脚 U_{CO} 控制端平时不用，通过 $0.01\mu F$ 滤波电容接地。该电路是负脉冲触发。

（1）工作原理

1）稳态。触发信号没有来到之前，U_i 为高电平。电源刚接通时，电路有一个暂态过程，即电源通过电阻 R 向电容 C 充电，当 U_C 上升到 $2U_{CC}/3$ 时，RS 触发器置 0，$U_o = 0$，放电管 V_1（见图 8-1a）导通，因此电容 C 又通过放电管 V_1 迅速放电，直到 $U_C = 0$，电路进入稳态。这时如果 U_i 一直没有触发信号来到，电路就一直处于 $U_o = 0$ 的稳定状态。

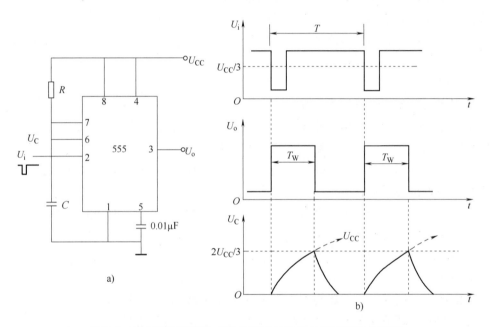

图 8-8 用 555 定时器构成的单稳态触发器电路原理图与波形

a）电路原理图 b）波形

2）暂稳态。外加触发信号 U_i 的下降沿到达时，由于 $U_2 < U_{CC}/3$、U_6（U_C）=0，RS 触发器 Q 端置 1，所以 $U_o = 1$，放电管 V_1 截止，U_{CC} 开始通过电阻 R 向电容 C 充电。随着电容 C 充电的进行，U_C 不断上升，趋向值 $U_C(\infty) = U_{CC}$。

U_i 的触发负脉冲消失后，U_2 回到高电平，在 $U_2 > U_{CC}/3$、$U_6 < 2U_{CC}/3$ 期间，RS 触发器状态保持不变，因此，U_o 一直保持高电平不变，电路维持在暂稳态。但当电容 C 上的电压上升到 $U_6 \geq 2U_{CC}/3$ 时，RS 触发器置 0，电路输出 $U_o = 0$，放电管 V_1 导通，此时暂稳态便结束，电路将返回到初始的稳态。

3）恢复期。放电管 V_1 导通后，电容 C 通过放电管 V_1 迅速放电，使 $U_C \approx 0$，电路又恢复到稳态，第二个触发信号到来时，又重复上述过程。

输出电压 U_o 和电容 C 上电压 u_C 的工作波形如图 8-8b 所示。

（2）输出脉冲宽度 T_W　输出脉冲宽度 T_W 是暂稳态的维持时间，与电容 C 的充电时间常数有关，即

$$T_W = 1.1RC \tag{8-6}$$

应该指出，图 8-8a 所示电路对输入触发脉冲的宽度有一定要求，它必须小于 T_W。若输入脉冲宽度大于 T_W，应在 U_2 输入端加入 R_iC_i 微分电路。

2. 单稳态触发电路的用途

1）延时。将输入信号延迟一定时间（一般为脉宽 T_W）后输出。

2）定时。产生一定宽度的脉冲信号。

✎ 任务准备

准备所需仪表、工具：常用电子组装工具一套、双踪示波器一台、低频信号发生器一台、直流稳压电源一台、万用表一只。所需电子元器件及材料见表 8-7。

表 8-7　电子元器件及材料

代号	名称	规格	数量/只	代号	名称	规格	数量/只
R	碳膜电阻器	1kΩ	1		万能电路板		
C	电解电容器	10μF/16V	1		ϕ0.8mm 镀锡铜丝		
—	无极性电容器	0.01μF	1		焊料、助焊剂		
—	555 定时器	CB555	1		多股软导线 400mm		

✔ 任务实施

1. 检测与筛选元器件

对电路中使用的元器件进行检测与筛选。

2. 装配电路

按照电路原理图（见图 8-8）装配电路，装配工艺要求为：

1）集成电路底部贴紧电路板。

2）电容器采用垂直安装，要求电解电容器底部紧贴电路板不能歪斜，注意极性不能接错。无极性电容器底部离电路板 3～5mm，不能歪斜。

3）电阻器均采用水平安装，要求贴紧电路板。

4）布线正确，焊点合格，无漏焊、虚焊、短路现象。

3. 自检

装配完成后应首先进行自检，正确无误后才能进行调试。

（1）焊接检查　焊接结束后，首先检查电路有无漏焊、错焊、虚焊等问题。检查时可用尖嘴钳或镊子将每个元器件拉一拉，看有无松动，如果发现有松动现象，应重新焊接。

（2）元器件检查　重点检查集成电路引脚有无接错、短路、虚焊等。

（3）接线检查　对照电路原理图检查接线是否正确，有无接错，是否有碰线、短路现象。

4. 调试要求及方法

1）测量555定时器静态功能，并判断其好坏。

2）动态测试。用示波器测试 U_i、U_c、U_o 信号波形，并画出 U_i、U_c、U_o 信号的对应波形。

✍ 检查评议

评分标准见表8-8。

表8-8　评分标准

序号	项目内容	评分标准	配分	扣分	得分
1	元器件安装	1. 元器件不按规定方式安装，扣10分 2. 元器件极性安装错误，扣10分 3. 布线不合理，扣10分	30分		
2	焊接	1. 焊点有一处不合格，扣2分 2. 剪脚留头长度有一处不合格，扣2分	20分		
3	测试	1. 关键点电位不正常，扣10分 2. 555定时器测试不正确，扣10分 3. 仪器仪表使用错误，扣10分	30分		
4	安全文明操作	1. 不爱护仪器设备，扣10分 2. 不注意安全，扣10分	20分		
5	合计		100分		
6	时间	45min			

💡 注意事项

调试时若电路工作不正常，就要检查排除故障。检查故障时，首先检查接线是否正确，在接线正确的前提下，主要检查555定时器是否正常。检查时，可单独对555定时器进行测量，若555定时器没有故障，则检查电容、电阻等，直至排除故障。

🔍 考证要点

知识点：单稳态触发器的工作过程有一个稳态和一个暂稳态，状态转换靠输入触发脉冲实现，要求输入触发脉冲的宽度一定要小于输出脉冲宽度。输出脉冲宽度取决于暂稳态维持时间。

试题精选：

（1）单稳态触发器输出脉冲宽度为 T_w，要保证触发器正常工作，则输入触发脉冲的宽

度 T 应满足（　A　）。

A. $T < T_W$　　　　B. $T > T_W$　　　　C. $T \geqslant T_W$　　　　D. $T \leqslant T_W$

（2）单稳态触发器的工作特点是（　D　）。

A. 有两个暂稳态　　　　　　　　B. 有一个暂稳态

C. 有一个稳态　　　　　　　　　D. 有一个稳态和一个暂稳态

【练习题】

1. 填空题

（1）单稳态触发器的工作过程有一个（　　　　）和一个（　　　　）。

（2）用 555 定时器组成的单稳触发器，状态转换靠（　　　）触发脉冲实现。该电路是（　　　）触发。

（3）单稳态触发器输出脉冲（　　　　）取决于暂稳态维持（　　　　）。

2. 判断题

（1）单稳态触发器的工作过程有两个稳态。（　　　）

（2）单稳态触发器的工作过程有一个暂稳态。（　　　）

（3）用 555 定时器构成的单稳态触发器是负脉冲触发。（　　　）

（4）单稳态触发器的输出脉冲宽度取决于暂稳态的维持时间。（　　　）

3. 选择题

（1）用 555 定时器构成的单稳态触发器是（　　　）触发。

A. 正脉冲　　　　B. 负脉冲　　　　C. 脉冲上升沿　　　　D. 高电平

（2）单稳态触发器输出脉冲宽度是（　　　）。

A. $1.2RC$　　　　B. RC　　　　C. $1.5RC$　　　　D. $1.1RC$

（3）555 定时器组成的单稳态触发器中，555 定时器的 5 脚平时不用，可通过（　　　）电容接地。

A. $0.01\mu F$　　　　B. $0.1\mu F$　　　　C. $0.05\mu F$　　　　D. $0.5\mu F$

4. 简答题

（1）用 555 定时器构成的单稳态触发器，输出脉冲宽度如何计算？

（2）说明由 555 定时器构成的单稳态触发器中，电容 C 和电阻 R 的作用。

（3）单稳态触发器的触发脉冲宽度与输出脉冲宽度之间应满足什么关系？

参 考 文 献

[1] 余孟尝. 数字电子技术基础简明教程 [M]. 3 版. 北京：高等教育出版社，2010.
[2] 胡宴如，耿苏燕. 模拟电子技术基础 [M]. 2 版. 北京：高等教育出版社，2010.
[3] 付植桐. 电子技术 [M]. 5 版. 北京：高等教育出版社，2016.
[4] 曾祥富，张龙兴，童士宽. 电子技术基础 [M]. 北京：高等教育出版社，1998.
[5] 李荣生，张蒂如. 电子技术 [M]. 北京：煤炭工业出版社，2005.
[6] 阎石. 数字电子技术基础 [M]. 6 版. 北京：高等教育出版社，2016.
[7] 刘守义，钟苏. 数字电子技术 [M]. 3 版. 西安：西安电子科技大学出版社，2012.
[8] 杨颂华，冯毛官，孙万蓉，等. 数字电子技术基础 [M]. 3 版. 西安：西安电子科技大学出版社，2016.